文系のための

東大の先生が教える

わかる

認知症

監修
富田泰輔
東京大学大学院教授

JN026475

はじめに

　最近，認知症，という言葉がテレビや新聞，インターネットで大きくとりあげられるようになりました。**日本のみならず，高齢化が進む世界各国において，認知症は重要な社会問題として認識されています。**記憶を失っていくという病気である認知症は，人間としての尊厳を考える上でも，単純には対応できません。患者様ご本人のみならず，介護する人，周囲の人間関係にも大きく影響を与えます。また社会的に見ても，医療費や保険の観点からも，年齢，職業に関わらず，みんなが深く考えていく事が必要です。私も，祖母が認知症となり，研究者という立場から患者家族の一人として，改めていろんなことを考えさせられました。

　2023年は認知症研究において歴史的な年となりました。**アルツハイマー病の原因タンパク質であるアミロイド β に対する医薬品としてレカネマブが世界で初めて承認されたのです。**これは，アルツハイマー病の新しい治療薬として20年ぶりの画期的な出来事です。もちろんまだこの薬でアルツハイマー病を完全になくすようなことはできておらず，まだまだ研究が必要です。また認知症をおこす病気はアルツハイマー病以外にもいろいろあります。

　本書では脳のしくみから，認知症，特にアルツハイマー病がどうしておこるのか，またその治療や予防に向けて，今わかっていることをわかりやすくまとめてもらいました。みなさんが認知症のことを自分ごととして捉えて，それぞれの立場で認知症という病気に対して何ができるか，ちょっとでも考えてもらえるきっかけになると幸いです。

監修

東京大学大学院薬学系研究科教授

富田泰輔

目次

1 時間目　認知症の基本

STEP 1
認知症は21世紀最大の課題

2時間目 認知症を理解するための脳の基本

STEP 1

脳のしくみと神経細胞

STEP 2
記憶のしくみ

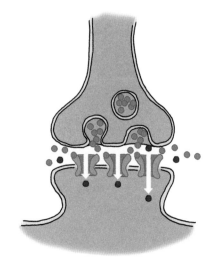

3時間目 認知症のしくみと治療

STEP 1

脳のゴミが引きおこすアルツハイマー病

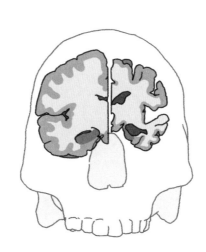

STEP 2
アルツハイマー病の診断と治療に挑む

STEP 3
レビー小体型認知症と脳血管性認知症

4時間目 脳を健康に保つには

STEP 1
認知症への対策

STEP 2

生活習慣と認知症

とうじょうじんぶつ

富田泰輔 先生
東京大学でアルツハイマー病を
研究している先生

理系アレルギーの
文系サラリーマン（27歳）

1

時間目

認知症の基本

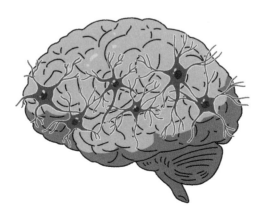

STEP 1
認知症は
21世紀最大の課題

今，社会問題化しつつある認知症。その患者数は年々増加し，介護者への負担も大きくなっています。いったい認知症とはどんな病気なのでしょう？　まずはその概要に迫っていきます。

増えつづける認知症

はぁ……。

どうしたんですか？　元気，ありませんね。

実は親戚のおばさんが忘れっぽくなって，病院で診察してもらったところ，認知症の診断が下されたんですよ。

そうでしたか……。

はい。最近，家族旅行したことも思いだせなくなったみたいだし，まさか自分の身近な人が認知症になるなんて思ってもみませんでした。
認知症の高齢者って，どれくらいいるのでしょうか？

現在，認知症の患者数は急増しているんですよ。
厚生労働省の統計によると，1985年に59万人だった日本国内の認知症患者数は，2015年には500万人を突破し，2025年には700万人に達すると予測されています。
これは65歳以上の高齢者の5人に1人の計算です。
認知症は今や，だれもがなりうる病気だといえますね。

日本国内の65歳以上の認知症患者数の推計

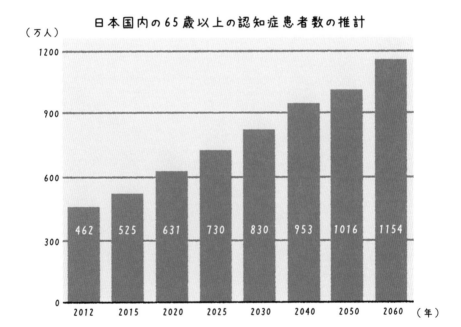

（万人）

「日本における認知症の高齢者人口の将来推計に関する研究」（平成26年度厚生労働科学研究費補助金特別研究事業 九州大学 二宮教授）を元に作成

そんなに増えているんですか？

ええ。
全世界の患者数を見ると，2016年で4700万人でしたが，2050年には**1億人**をはるかに超えると予測されています。
このため，認知症の患者が増加することによる社会的および経済的な負担が強く懸念されているんですよ。

全世界の認知症患者数の推計

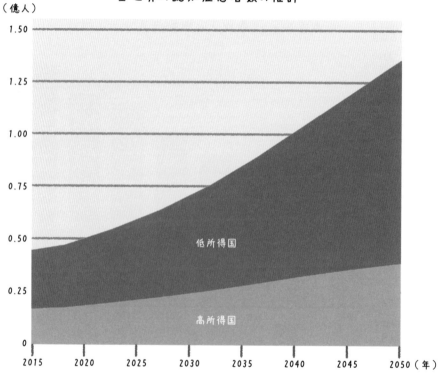

World Alzheimer Report 2015.
（Alzheimer's desease international）を元に作成

認知症は，世界的な問題でもあるんですね。
そもそも認知症っていったいどんな病気なんでしょうか？

認知症は，脳の神経細胞（ニューロン）が死んでしまったり，はたらきが悪くなったりすることにより，記憶力が失われていく病気です。
さらに思考能力や行動能力も失われ，日常生活に支障が出るほどになってしまうのです。

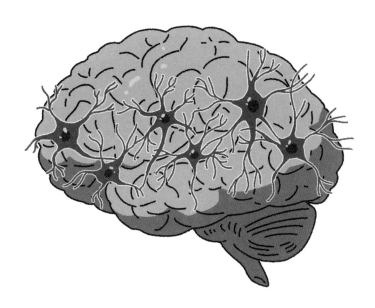

神経細胞が死ぬ……。

認知症は今，社会問題になっています。

2007年，認知症の男性が徘徊中に，電車にはねられ死亡するという事件がありました。

このとき鉄道会社は，遺族に対して賠償の支払いを求め，提訴することになりました。最終的に最高裁判所は，遺族に賠償責任はないとの判決を2016年に下しました。

この事件は，認知症が，介護する家族や周囲の人々をこえて，社会にまで大きな問題を引きおこす可能性があることを示しています。

そんなことがあったんですね……。

認知症では，なぜ神経細胞が死んでいくんですか？

認知症を引きおこす原因で最も多いのがアルツハイマー病です。

アルツハイマー病では，脳内にアミロイドβやタウとよばれる有害なゴミがたまることで，学習や記憶をする役割をもつ神経細胞が死んでいくのです。

これにより，記憶の喪失や思考能力の低下などがおきます。

脳内にゴミがたまっていく!?
じゃあ，そのゴミをきれいにすれば，アルツハイマー病って，治るんでしょうか？

アルツハイマー病は，一度発症すると元の状態には戻れず，不治の病ともよばれています。

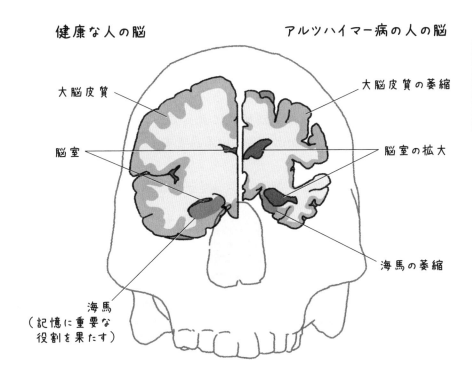

健康な人の脳　　　　　アルツハイマー病の人の脳

大脳皮質　　　　　　　　　　　大脳皮質の萎縮

脳室　　　　　　　　　　　　　脳室の拡大

海馬の萎縮

海馬
（記憶に重要な
役割を果たす）

アルツハイマー病になった人の脳は萎縮します。成人の正常な脳は
1200〜1500グラムほどです。アルツハイマー病を発症して10年ほ
ど経つと，脳は，800〜900グラムほどになってしまいます。

現代の医学をもってしても，アルツハイマー病を完全に
治す方法は見つかっていません。
そもそもなぜゴミがたまるのか，その原因もはっきりし
ていないのです。
アルツハイマー病をはじめとした認知症は，21世紀
最大の課題ともいわれているんです。

そんな！ 完全に治らないなんて……。

しかし，何も打つ手がないということではないですよ！今，<mark>さまざまな最先端研究によって，アルツハイマー病の根治の可能性が出てきているんです。</mark>

そうなんですか！ どういった研究がされているんですか？

一つ目は，アルツハイマー病発症の原因解明に向けた研究です。たとえば近年，マウスの遺伝子を改変することで，アルツハイマー病と同じような病態を示すマウスがつくられています。
このようなマウスを使った研究によって，アルツハイマー病のメカニズムが解明されることが期待できます。そのマウスは現在，世界中の研究所に配られて，研究に利用されているんですよ。

なるほど。
アルツハイマー病になりやすくしたマウスってことですね。

その通りです。この成果により，新薬や，その候補が創りだされています。
また，アルツハイマー病への対策でとても重要なこと，それが**早期診断・早期治療**です。

ふむふむ。

有害なゴミがどのくらい脳内に蓄積しているのかということを，これまで簡単に知る方法はありませんでした。しかし近年，**アミロイドPET**（陽電子放射断層撮影）や**タウPET**とよばれる**脳内を画像化する手法が開発され，脳内の「どこ」に「どれほどの」ゴミがたまっているのかを知ることができるようになっています。**

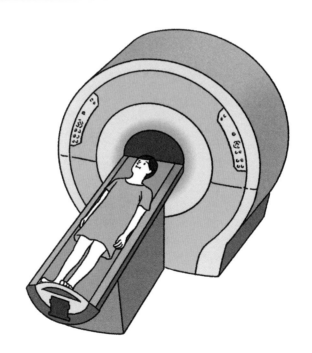

脳内のゴミを画像化する！
すごいですね！

認知症はとくに早期診断・早期治療が重要な病気なんですよ。
また血液に含まれる特定のタンパク質の量を精密に測ることで，アルツハイマー病の初期段階をとらえる手法の開発も進められています。

血液検査で!?
それなら，簡単に調べられそうですね。

その通りです！

現在，健康診断で脂質異常症（高脂血症）の初期症状をとらえて早期治療にあたっているように，アルツハイマー病の早期治療が行えるようになるのでは，と考えられています。

認知症について，もっといろいろ知りたいです。
先生！　認知症やアルツハイマー病について，くわしく教えてください！

わかりました。ではこれから認知症のメカニズムと，その治療の最前線にせまっていきましょう。

よろしくお願いします！

ポイント！

増加する認知症

認知症の患者数は大幅に増えており，2025年には日本国内の患者数が700万人に達すると推定されている。社会問題になっている。

認知症はどういう病気？

 先生，あらためて認知症ってどういう病気なんでしょう？

 正確にいうと，認知症は固有の病気の名前ではありません。

 ## どういうことですか？

 認知症とは，脳が広い範囲で傷害され，全般的に知的能力が低下する病気の**総称**です。
その原因によって，**アルツハイマー病**や**脳血管性認知症**など，いくつかの種類に分けられるのです。

 なるほど，一口に認知症といってもことなる原因があるんですね。
認知症になると，どのような症状がみられるんですか？

 認知症には，脳の神経細胞がはたらかなくなることにより，主に**二つの症状**があらわれます。
一つは，神経細胞の機能低下に直接かかわる**中核症状**。
もう一つは，中核症状に関連しておきる**行動・心理症状**です。

 中核症状と行動・心理症状？

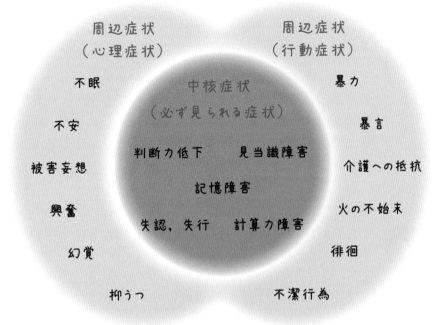

まず，**中核症状**から見ていきます。

中核症状は**記憶障害**，すなわち**もの忘れ**からはじまります。

さらに，判断力の低下がおきて，考えがまとまらなくなったり，計算力が落ち，買い物でお釣りの計算に手間取ったりする**計算力障害**などがあらわれます。

記憶力や判断力，計算力がまず低下していくんですね。

その後，料理や着替えといった，**段取り**が必要な行為ができなくなったり，電話やテレビといった本来知っているはずのものが認識できなくなったりする**失行・失認**という症状がおきます。
そして時や場所，人の名前がわからなくなるという具合に症状が悪化していくのです。これを**見当識障害**といいます。

どんどん症状が悪化して，日常生活に困難が生じていきそうですね。

ええ。
さて次に，こうした中核症状に関連してあらわれる**行動・心理症状**について説明しましょう。
行動・心理症状は，あてもなくうろうろと歩きまわる徘徊，不眠，暴力や暴言などの攻撃行動，そして抑うつ，不安，被害妄想，焦燥感などがあげられます。

さっき話にあがった，2007年の死亡事故の訴訟問題も，徘徊が原因でしたね。

ええ。
このような行動・心理症状があらわれると，認知症にかかっている人と，介護者との意思疎通がむずかしくなっていきます。

そうなると，さらに攻撃行動が激しくなったり，抑うつ状態におちいったりする事態になってしまいます。

 負のスパイラルですね。
中核症状や行動・心理症状を取り去ることはできないんですか？

 中核症状に対する根本的な治療法はまだ確立されていません。
ですが，行動・心理症状は，適切な介護対応や薬物療法を行うことで，症状を軽くすることができます。これは介護者の負担を軽減する，という面でも重要です。

認知症は老化によるもの忘れとはちがう

 認知症はもの忘れからはじまる，ということですが，普通，年をとるとだんだんもの忘れがひどくなりますよね。
認知症によるもの忘れと**加齢**によるもの忘れはちがうんですか？

 たしかに高齢になると，脳の老化のためにもの忘れがよく見られるようになることがあります。しかし，あまり心配しなくてもよい，一般的な老化によるもの忘れと，専門医の診断を受けたほうがよい，認知症によって引きおこされるもの忘れはちがいます。

正常な脳の老化の場合，それほどいちじるしく機能がそこなわれることはありません。

しかし，**学習や記憶をつかさどる神経細胞や脳に大きな異変が生じた場合，さまざまな知的能力が，日常生活に支障をきたすほど低下します。**これが認知症です。

認知症と単なるもの忘れを見分けるポイントのようなものはあるんでしょうか？

認知症特有のもの忘れには，主に次のような特徴があります。

第1に体験したこと自体を忘れてしまう，第2にヒントをあたえられてもその体験を思いだせない，第3に新しい出来事を記憶できない，第4に現在の時間や，自分がいる場所の見当がつかないといったことです。

ポイント！

認知症によるもの忘れの特徴
　①体験したこと自体を忘れる。
　②ヒントをあたえられても体験を思いだせない。
　③新しい出来事を記憶できない。
　④現在の時間や，自分がいる場所の見当が
　　つかない。

具体的にはどういったもの忘れが認知症の可能性が高いのでしょうか？

たとえば，朝ごはんのメニューがなんだったのか思いだせないのは，**加齢によるもの忘れ**の範疇です。
しかし，朝ごはんを食べたこと自体を忘れるのは，**認知症によるもの忘れ**かもしれません。

このようなもの忘れの兆候がみられたときは，かかりつけの病院や，もの忘れ外来などの専門医療機関を早めに受診しましょう。

患者さん自身がおかしいって，すぐに気づくことはできるんでしょうか？

おっしゃる通り，認知症の場合は，もの忘れに対して**本人の自覚がない**場合が多いようです。
したがって，家族や周囲の方が「最近もの忘れが多い」と気づいたとき，ただちに受診をすすめることも大切です。

	加齢によるもの忘れ	認知症によるもの忘れ
体験したこと	一部を忘れる（例：朝ごはんのメニュー）	すべてを忘れている（例：朝ごはんを食べたこと自体）
学習能力	維持されている	新しいことを覚えられない
もの忘れの自覚	ある	ない
探し物に対して	（自分で）努力して見つけられる	いつも探しものをしている　誰かが盗ったなど他人のせいにすることがある
日常生活への支障	ない	ある
症状の進行	きわめて徐々にしか進行しない	進行する

政府広報オンライン「もし，家族や自分が認知症になったら知っておきたい認知症のキホン」
（https://www.govonline.go.jp/useful/article/201308/1.html）より抜粋

認知症の約70％はアルツハイマー病

認知症にはいくつか原因があるということでしたが，どういった原因があるんですか？

先ほども少しふれましたが，まず認知症を引きおこす原因として，最も多いのが，**アルツハイマー病**です。認知症の**7割程度**は，アルツハイマー病によって引きおこされています。

認知症の分類と，その割合

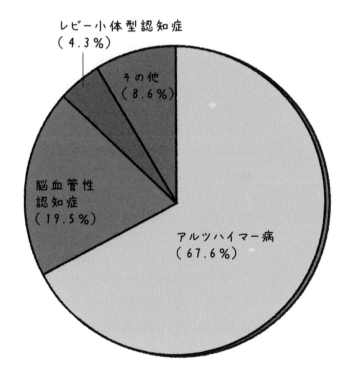

レビー小体型認知症
（4.3％）

その他
（8.6％）

脳血管性
認知症
（19.5％）

アルツハイマー病
（67.6％）

半分以上の認知症の原因が，アルツハイマー病ってことですね。

ええ。
先ほども説明した通り，**アルツハイマー病は，アミロイドβやタウというゴミが脳にたまり，神経細胞が死んでいく病気です。**
その蓄積は，アルツハイマー病を発症する10〜20年前からはじまり，少しずつ脳内に広がっていきます。

そんなに前から……。

そうなんです。
だからこそ，早期にゴミの蓄積を発見することがとても重要なのです。

なるほど。

さて，アルツハイマー病について多いのが，**脳血管性認知症**です。
これは，脳の血管が破れて出血する**脳出血**やくも膜下**出血**，脳の血管がつまる**脳梗塞**などが原因となって発症する認知症です。

脳の血管の異常が認知症を引きおこすこともあるんですね。

 はい。脳の血管がつまったり破れたりして，血液が供給されなくなることで，神経細胞がダメージを受けて，記憶をはじめとしたさまざまな脳の機能に障害がおきるのです。

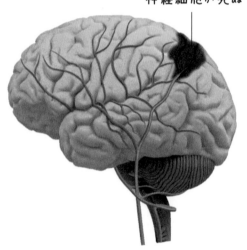

血液が届かなくなり，
神経細胞が死ぬ

 おそろしい。

ただし，脳血管性認知症の場合，原因となる脳出血や脳梗塞の再発を予防することにより，認知症の発症をある程度，食い止めることができます。

 そうなんですね！　そのほかに認知症の原因にはどのようなものがあるんでしょうか？

 ほかには，**レビー小体**という異常なタンパク質が蓄積することによっておきる**レビー小体型認知症**や，**プリオン**というタンパク質が蓄積することによって引きおこされる**クロイツフェルト・ヤコブ病**などがあります。

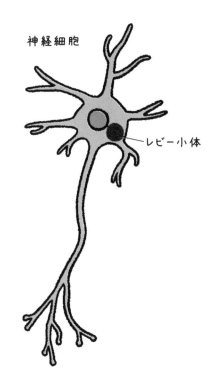

神経細胞

レビー小体

いろんな種類があるんですね。

 それぞれの認知症については，3時間目に説明します。
さて，認知症のことをくわしく解説する前に，次の2時間目で，まずは私たちの脳のしくみについて見ていきましょう。

 よろしくお願いします！

時間目

認知症の基本

2

時間目

認知症を理解するための

脳の基本

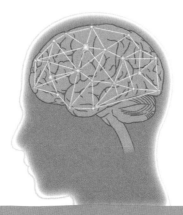

STEP 1
脳のしくみと神経細胞

脳は，生命活動の維持だけでなく，高度な精神活動をつかさどっています。このようなはたらきを，脳はどのように行っているのでしょうか？　まずは脳の構造を見ていきましょう。

脳の基本構造

認知症についてくわしくお話しする前に，まずは私たちの脳の構造やはたらきについてお話ししましょう。
しばらくは，脳のしくみについての話がつづきますので，認知症について早く知りたい方は，2時間目を飛ばして，3時間目から読んでも大丈夫ですよ。
さて，ヒトの脳は，成人の場合，重さ1.2〜1.5キログラムあります。

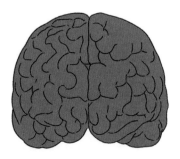

成人で約1.2〜1.5キログラム

 脳は，**頭蓋骨**の中で**脳脊髄液**という無色透明な液体に
浸かっています。

 # 脳って意外に重い！

 脳には，およそ1000億個もの**神経細胞（ニューロン）**
が集まっています。
そのぼう大な数の神経細胞は，電気信号によってたがい
に情報を伝え合い，天文学的な規模の情報ネットワーク
をつくりあげています！

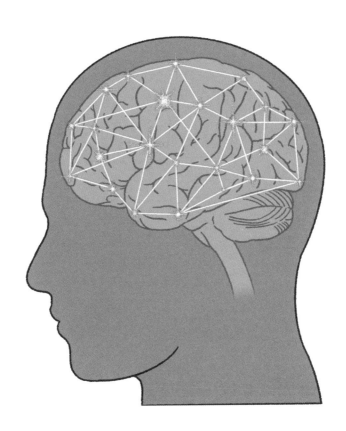

この情報ネットワークによって，さまざまな脳のはたらきがいとなまれているんです。

 ひええ～！
ものすごい数ですね。

 ええ，すごいでしょう。
私たちの脳は大きく，**大脳，小脳，脳幹**の三つに大きく分けることができます。

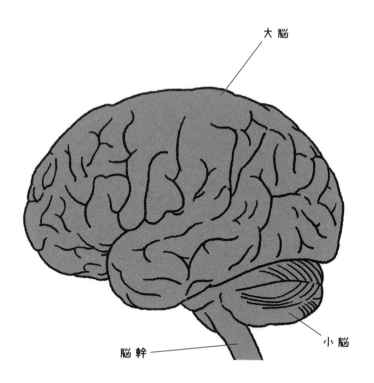

大脳

脳幹

小脳

 これが脳の基本構造です。

大脳, 脳幹, 小脳ですね。それぞれ役割がちがうんですか？

そうなんです。まず**大脳**は, 脳の一番大きな部分で, 脳の全重量の約4〜5割を占めます。
大脳は, 視覚・聴覚などの感覚情報の処理をします。とくに, 表面は**大脳皮質**といって, ヒトの**意識**とのかかわりが非常に深いところです。

意識？

はい。意識とは, 自分やまわりの状態を知覚できる, という状態をいいます。**大脳皮質は, ヒトが体を動かそうとして動かす随意運動や, 思考・推理などといった高度な精神活動を制御します。**
大脳は, いわばヒトの身体の「メインコンピューター」のようなところといえるでしょう。

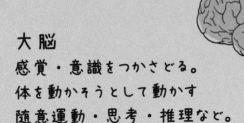

大脳
感覚・意識をつかさどる。
体を動かそうとして動かす
随意運動・思考・推理など。

大脳は，ヒトの身体のメインコンピューター！

 大脳の下側は，脳幹につづいています。
ここで，脳を左右に割った断面を見てみましょう。

脳の断面

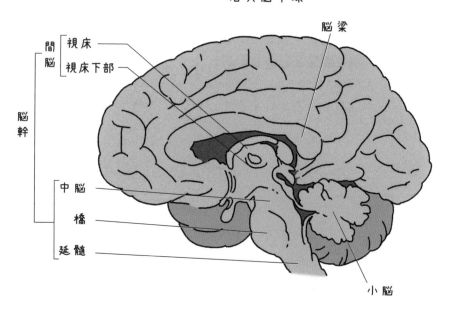

右大脳半球

脳梁

間脳
視床
視床下部

脳幹
中脳
橋
延髄

小脳

44

脳幹は，延髄，橋，中脳，間脳（間脳は含まない分類もあります）といった部分で構成されています。

脳幹は，脳を樹木にたとえたときの"幹"にあたる部分なので，「脳幹」とよばれるんですよ。

脳幹は，**呼吸や心臓の拍動のリズムなど，生命を維持するために必要な，さまざまな機能をつかさどっています。**

呼吸ができなくなったり，心臓が止まってしまったら死んでしまいますからね！　地味だけど，一番重要なことを行っているんですね。

そうなんです。

それから，脳幹は意識とも関連する睡眠と覚醒の調節も行っていると見られています。

延髄の先は木の根っこみたいに下にのびていますね。

 ええ。そこから，背骨に沿って走る神経の束，**脊髄**につながっているわけです。
また，大脳におおわれた中央部には，間脳があります。
間脳の中心ともいえる視床は，嗅覚などをのぞいた，さまざまな感覚情報が集まってくる場所で，視床に集められた感覚情報は，大脳へ伝えられていきます。

 感覚の中継地点みたいなものですか。

 そうですね。

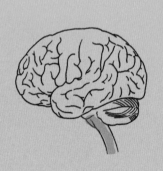

脳幹

生命を維持するための機能をつかさどる。呼吸・心臓の拍動のリズム・睡眠や覚醒など。

さて，最後は小脳です。
大脳の下，脳幹のうしろに位置します。

大脳のうしろのちっちゃなこぶのような部分ですね。
小脳は何をしているんですか？

小脳は，眼球，手足の動き，姿勢などを調節する場所です。
たとえば，あなたは自転車に乗れますか？

はい，近所に買い物に行くときは，いつも自転車を使っ
ています。

そのとき，ちゃんとペダルをこげていますか？

当然ですよ！

ハハハ。

それができるということは，小脳や，大脳の中心部にある大脳基底核（だいのうきていかく）という部分が機能しているからです。

自転車をこぐときは，ペダルに片足を踏みこむ，片足を上げる，それぞれちょうどいい高さや低さで止める，というように，ことなった動作をくりかえします。

でも，いちいちその動作を意識しながら自転車はこぎませんよね？

たしかに。何も考えずに自転車をこいでますね。

私たちが，意識せずにその動作ができるということは，ペダルをこぐ動作をするために必要な信号が，小脳や大脳皮質，皮質下の領域から発信されているからだと考えられています。

なるほど。

無意識の行動ということですね。

小脳は，普段あたり前に行われる運動をスムーズにできるようコントロールしているということか。

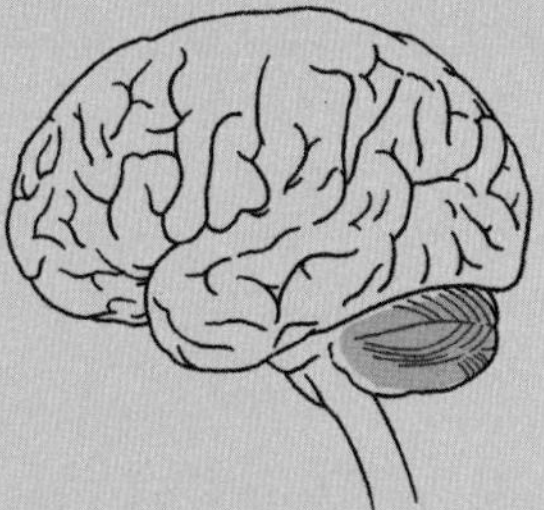

小脳
手足の動きなどの運動
を調整する。

ポイント！

脳の基本構造

大脳……感覚や意識をつかさどる

脳幹……生命維持に不可欠な機能をつかさどる

小脳……手足などの運動を調整する

脳の中をくわしく見てみよう

脳の中で最も大きな領域を占める大脳について，もう少しくわしく見ていきましょう。
次のイラストは，大脳を正面から見て切断した断面です。大脳は基本的に一番上の大きな溝を境にして，**左右対称**な構造をしていることがわかるでしょう。

大脳（前方部分の断面）

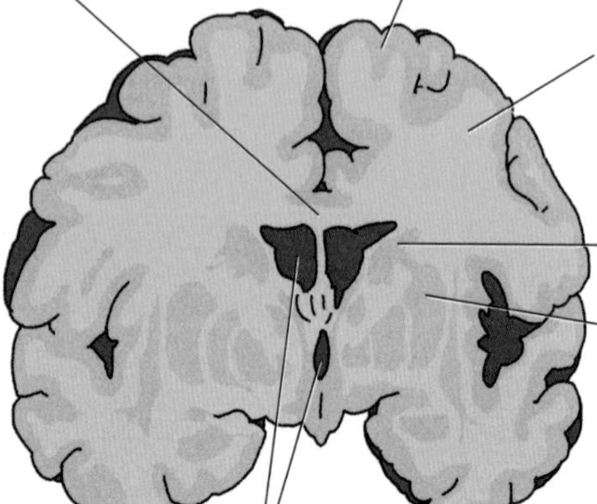

脳梁
左右の大脳半球をつなぐ
構造。軸索が多く走っている。

大脳皮質（灰白質）

**大脳髄質
（白質）**

尾状核

被殻

右大脳半球

左大脳半球

脳室
脳脊髄液で満たされて
いるスペース（空洞）。

ホントだ！

 大脳は，左半球（左脳）と右半球（右脳）に分かれているんですね。

前

左半球（左脳）　　　　　　　　　　　右半球（右脳）

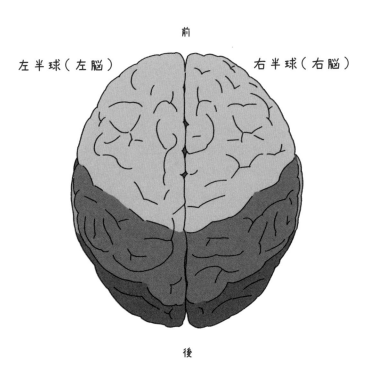

後

 さて，大脳の「しわしわ」な表面部分を大脳皮質といいます。
先ほどのイラストの一番外側のやや濃い色をした部分です。

だいのうひしつ……。

大脳皮質は，厚さ2〜4ミリメートルの層で，**神経細胞の本体**が密集した領域です。
大脳皮質は高等動物ほど発達しています。とくに進化的に新しい皮質を**大脳新皮質**といい，哺乳類にしか見られません。霊長類では，認知や思考，判断といった知的活動の場となっています。

脳といえば，この表面のしわしわですよね！

大脳皮質はいわば神経細胞でできた1枚の大きなシートで，それを頭骨の限られた空間の中に押しこめた結果，しわしわができたというわけなんです。

なるほど。

さて，大脳皮質の内側には，色が薄く白っぽいところがあります。ここは**大脳髄質（白質）**といいます。神経細胞の本体からのびる軸索（じくさく）が集まっているところです。軸索とは，神経細胞が信号を伝えるための"ケーブル"といえるものです。

脳の内側には神経細胞の本体からのびたケーブルがはりめぐらされているんですね！

そうなんです。

それから，内部のほうにも，ところどころ色が濃い部分があるのがわかりますか？

ここは，**大脳基底核**といって，**尾状核**や**被殻**，**淡蒼球**といった部位が集まった部分です。

ここも神経細胞の本体が集まる領域です。

大脳基底核

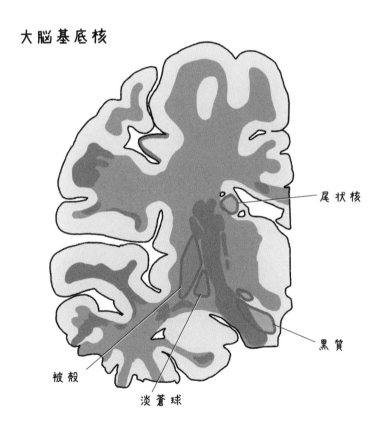

尾状核

黒質

被殻

淡蒼球

大脳皮質も役割分担をしている

 大脳ってすごいしわしわですよね。しわのもようって，人によって全然ちがうんですか？

 いいえ。大脳皮質のしわのもようは完全にランダムではなく，大きなしわができる場所はちゃんときまっているんですよ。

 ただランダムにしわができているわけじゃないんだ……。

 ええ，そうなんです。しわの溝部分を脳溝（のうこう）といいます。大脳は，主要な脳溝を境に，前頭葉・頭頂葉・側頭葉・後頭葉と，四つの部位に大きく分けられます。

大脳皮質

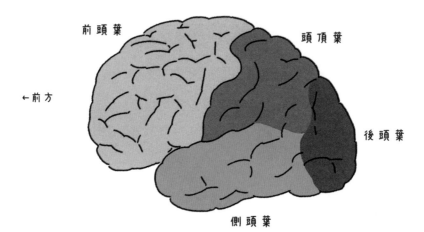

前頭葉　　頭頂葉　　←前方　　後頭葉　　側頭葉

ちなみに、「葉」とは英語でlobeといい、ひとかたまりになった臓器の部分をあらわす解剖学の用語なんですよ。

前頭葉や側頭葉ってワードだけは聞いたことがあります！

さらに、大脳皮質は、層の厚みなどのちがいによって43の領野に区分できます。
これをブロードマンの脳地図といいます。各領域のはたらきを指し示すときに用いられます（欠番を含めて52野まであります）。
大脳皮質は、それぞれの領野ごとに、ことなるはたらきをになっているんです。

それぞれ専門分野があるわけなんですね。

そうなんです。
たとえば後頭葉の一部が傷つくと視野が欠けてしまうことがあります。
それは、ここに視覚情報が送られる一次視覚野という領域があるからです。
このように、五感それぞれの情報は、脳のことなる領域に送られ処理されます。私たちの「意識」は、脳の各領域のさまざまな情報処理の結果生じるものだと考えられています。

すごいですね！

ブロードマンの脳地図

一次体性感覚野
皮膚から触覚などの
情報が送られてくる。

下頭頂小葉
視覚, 聴覚, 触
覚などのことなる
感覚情報が合流
する場所だと考え
られている。

前頭極部
「推論」など, 複雑
な処理をになっている
と考えられている。

大脳左半球

頭頂葉

前頭葉

3
8 6
9 5
4 7
46
1 2
10 40
45 44 39 19
52 18 後頭葉
41 42 22
11 47 37 17
38 21
20

側頭葉

ブローカー野
ウェルニッケ野と
ともに, 言語を
つかさどる中枢。

一次視覚野
(17野)
眼からの情報が
送られてくる。

一次味覚野
(内側にある)
舌や口からの情報
が送られてくる。

一次嗅覚野
(内側にある)
鼻からの情報が
送られてくる。

ウェルニッケ野
ブローカー野とともに,
言語をつかさどる中枢。

一次聴覚野
内耳から音の情報
が送られてくる。

このように脳は領域によって役割がちがうんですね。
これを脳の機能局在といいます。

ポイント！

大脳皮質は大きく，前頭葉，側頭葉，後頭葉に分けられる。部位によって担当している機能がことなる。

脳の神経細胞は，1000億個以上！

 脳の基本的な構造を見てきました。ここからは，脳をぐーっと拡大して，脳のはたらきをになっている**神経細胞（ニューロン）**について，くわしく見ていきましょう。

 脳には1000億個もの神経細胞があるというお話でしたね。

 はい。
神経細胞というのは，電気信号を伝える機能をもち，体の情報処理や情報の伝達をになう細胞です。
脳には神経細胞のほかに**グリア細胞**という細胞もあります。神経細胞が脳の活動の主役をにない，グリア細胞が，神経細胞の活動を補助しています。

ポイント！

脳を構成する細胞

　神経細胞……情報の処理や伝達をになう。

　グリア細胞……神経細胞の活動を補助する。

脳の活動の主役は神経細胞，と。
電気信号を伝えるって，コンピューターみたいですね。

そうなんです。
神経細胞は，本体にあたる「細胞体」から，細長い突起が何本も出ています（次のページのイラスト）。
神経細胞は，この突起を使うことで，ほかの神経細胞と接続し，信号をやりとりできるのです。

ほお！　神経細胞には，ケーブルのような構造があるわけですね！

ええ。さらに，神経細胞のもつ突起には軸索と樹状突起という2種類があります。
軸索は，細胞体から1本だけ長くのび，信号を送る役割をになします。一方，樹状突起は，細胞体から放射状にいくつものび，信号を受け取る役割をになします。
軸索は一つの神経細胞につき1本しかなく，先端を枝分かれさせながら，ほかの神経細胞の樹状突起につながります。軸索は長いものでは1メートルもあるんですよ。

送信用と受信用があるなんて！

面白いでしょう。
枝分かれした軸索の先端は，次の神経細胞の樹状突起へとつながっています。この接合部分を，シナプスといいます。

しなぷす！

 神経細胞から出た信号は，軸索を通り，シナプスを中継して，次の神経細胞の樹状突起へ伝えられていくのです。

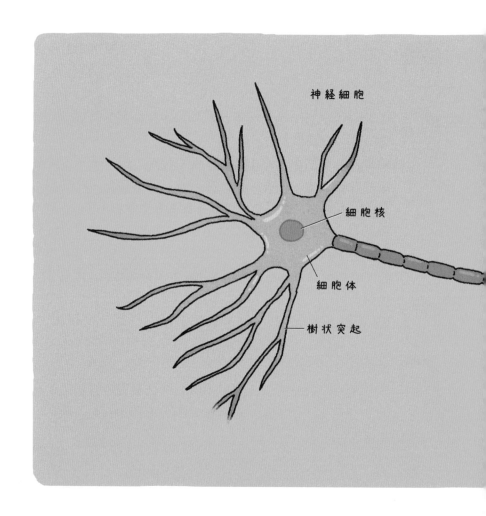

神経細胞

細胞核

細胞体

樹状突起

一つの神経細胞につき，シナプスの数は**数千から数万**にものぼるといわれています。

神経細胞がつくる濃密な回路が，脳の高度な機能をになっているといえます。

ちなみに，シナプスとはギリシャ語で握手を意味する「シナプシス」に由来するそうですよ。

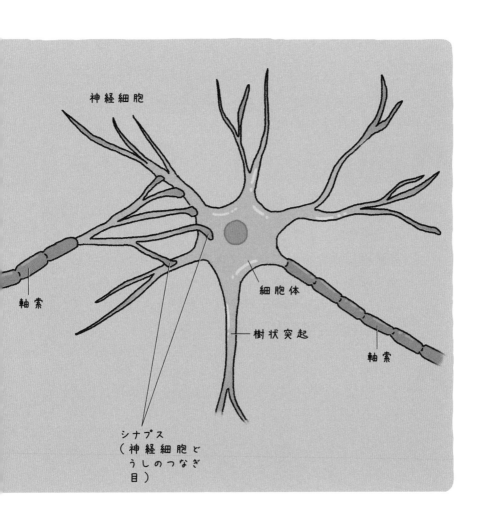

神経細胞

軸索

細胞体

樹状突起

軸索

シナプス
（神経細胞どうしのつなぎ目）

すごい！
神経細胞どうしが手をつないでいるんですね。

脳のはたらきを生みだす神経細胞

脳には，たくさんのシナプスがあって，そこで神経細胞どうしが情報のやりとりをしているんですね。

そうです。比較的小さな神経細胞でも500個ほど，大脳新皮質にある錐体細胞という神経細胞は，数万個のシナプスをもつといわれています。

数万個も!?

一般的に，大脳皮質には神経細胞が140億個あり，平均約1万個のシナプスをもつといわれています。
神経細胞はたがいにシナプスでつながり合いながら，想像を絶する複雑なネットワークをつくり，さらにこのネットワークの中を電気信号が行きかうことによって，脳の活動がいとなまれているんですね。

140億かける1万個……。とんでもないですね。
そういえば，パソコンなんかも電気で情報を伝えていますよね。

 パソコンの場合，電気をおびた電子が電線の中を伝わるわけですが，神経細胞の場合は，**電気をおびた化学物質**が流れることで電気信号が行きかい，脳の活動がいとなまれています。

 化学物質かぁ。
神経細胞はどうやって，電気信号を伝達しているんでしょうか？

 神経細胞は，**樹状突起のシナプス**で信号を受け取ります。そして受信した電気信号が一定量をこえると，神経細胞は興奮状態となり，電気信号が細胞体から軸索へ送りだされるんです。このような状態になることを**発火**といいます。

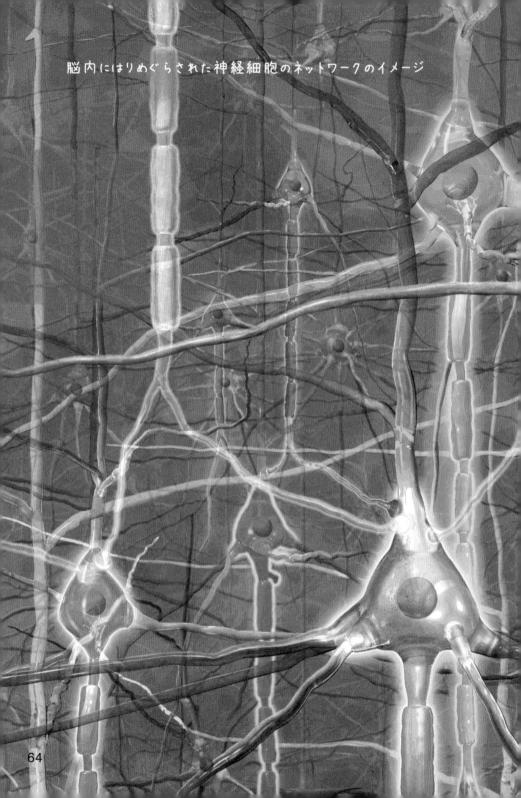

脳内にはりめぐらされた神経細胞のネットワークのイメージ

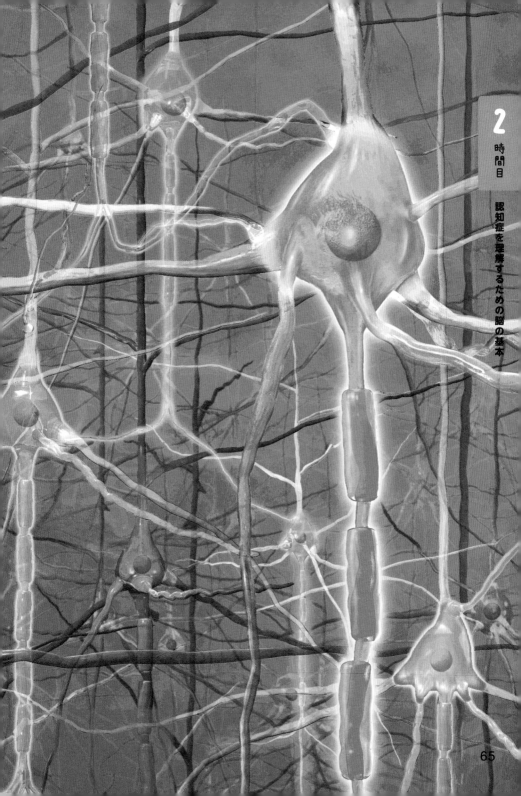

発火！

 この信号は，シナプスを介して，脳内のほかの神経細胞に伝えられます。
この，信号の受信と送信が，神経細胞の最も重要な機能です。

イラストは，各シナプスから伝えられた信号が細胞体に集まり，「発火」へと至るようすをえがいている。本来はもっと多くの信号が入ってくるが，イラストでは簡略化している。

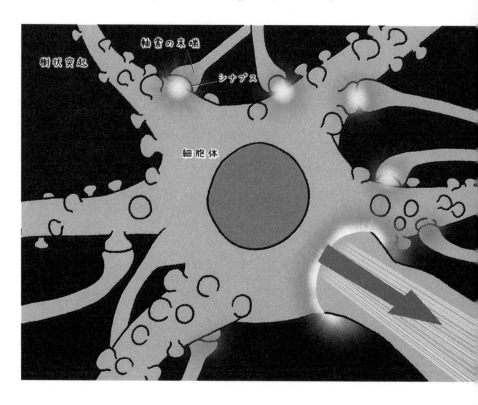

このようなネットワークの情報処理によって，学習や記憶が行われたり，視覚や聴覚がはたらいたりしているのです。

脳の信号は，"電線"を通って伝えられる

具体的に神経細胞がどのように信号の伝達をしているのか，そのしくみを見ていきましょう。

いったいどんなしくみなんだ……。

神経細胞は，細胞の本体である細胞体と，そこから放射状にのびる樹状突起，そして長い軸索でできているとお話ししましたね。

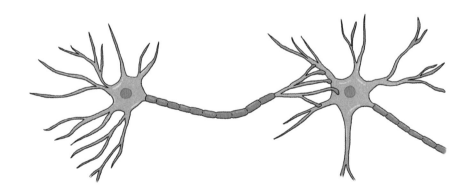

はい。

 私たちが物にふれたり，何かを見たりしたとき，それによる刺激が，**電気的な信号**として，皮膚や眼の感覚器官から神経細胞へ伝えられます。
この刺激は，神経細胞の樹状突起で受け取られ，さらに細胞体を通って軸索へと届きます。そして，軸索から，シナプスを介して次の神経細胞へと伝わっていきます。

 軸索と樹状突起がケーブルの役割をになっているわけですよね。

 はい。
ところで，普段目にする電線や電気コードは，ゴムなどの**絶縁体**でおおわれていませんか？

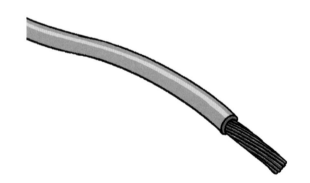

ええ，たしかに。

実は，神経細胞の軸索も，**絶縁体**でおおわれているんですよ。

ええっ？ ゴムにおおわれているんですか!?

ハハハ，さすがにゴムではないです。
グリア細胞の一種が軸索に巻きついて，**ミエリン鞘**という，ある種の絶縁体をつくっているんです。

グリア細胞って，何でしたっけ？

脳は，主に大きく神経細胞とグリア細胞の二つのタイプの細胞でつくられていて，グリア細胞は，神経細胞を補助している細胞のことです。
脳にはさまざまなはたらきをもったグリア細胞がいます。

その一つが，神経細胞に巻きついているんですか？

そう，その通りです。
グリア細胞が，神経細胞の軸索に巻きついて，ミエリン鞘という構造をつくっているのです。
ミエリン鞘は電気を通さないので，電気信号は漏れることなく，スムーズに伝わります。

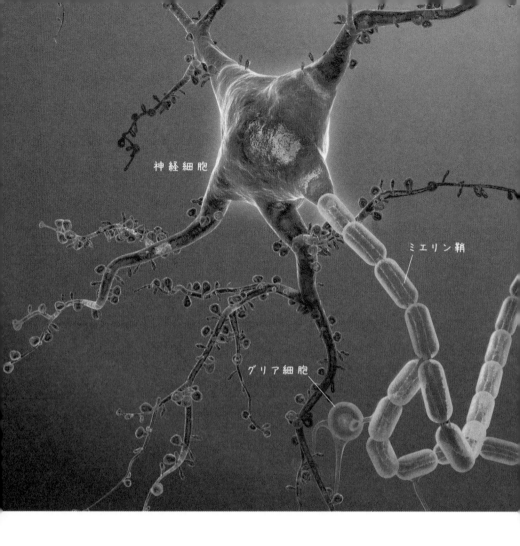

神経細胞

ミエリン鞘

グリア細胞

 さらにミエリン鞘はところどころにくびれがあり，信号はその部分をジャンプするように伝わるため，くびれのない軸索に比べて信号の伝導速度がアップするのです。

 ひょえー。
どれぐらいの速度なんですか？

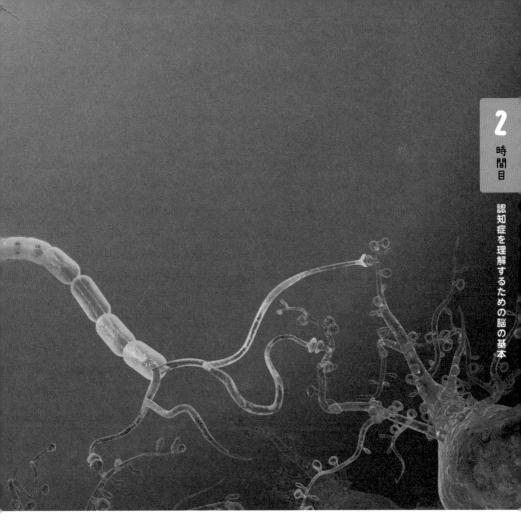

 絶縁体のない軸索では，信号の速度は秒速1メートルに満たないのですが，ミエリン鞘のおかげで，最大速度は秒速100メートルになるといいます。

 ひゃあ！ はやっ！

それから，神経細胞の軸索には，ふつうの電線とまったくことなる点が一つあります。
ふつうの電線を伝わる電気信号は，電気抵抗によってやがて弱まりますが，神経細胞の軸索を流れる電気信号はほとんど弱まることがないのです。

えっ，いったいどうやって，弱まることなく電気信号を伝えることができるんでしょうか？

では，神経細胞内を電子信号が伝わるようすをくわしく説明しましょう。74ページのイラストは，神経細胞の軸索を電気信号が伝わるしくみをえがいたものです。
まず，神経細胞の外には，プラスの電気をおびた**ナトリウムイオン**という物質が存在しています。
そして，軸索の表面には，**ナトリウムイオンチャネル**という開閉式の穴が空いています。
このナトリウムイオンチャネルは，ナトリウムイオンを通過させるゲートの役割をもっていますが，ふだんは閉じています。

ふむふむ。

神経細胞に電気的な刺激が伝わると，このナトリウムイオンチャネルの穴が開き（1），外側にあるナトリウムイオンが一気に流れこみます（2）。
すると，軸索の内部で局所的に電流が生じ（3），その電流によってとなりのナトリウムイオンチャネルが開きます（4）。

ほぉ。

そしてまた新たにナトリウムイオンが流れこんで，電流を生じさせるのです。このような反応が連鎖して，電気信号が伝えられていくんです。

ひょえー，これって脳のお話ですよね？　こんな精巧なしくみなんですか？

そうです。
このメカニズムのおかげで，電気信号が軸索を伝わる途中でとぎれてしまうことはなく，軸索が途中で枝分かれしても，電気信号が弱まることはありません。

ナトリウムイオンチャンネルが連鎖的に開いていくことで，電気信号が伝わるわけですね。

そうですね。
こうして，神経細胞の電気信号は，同じ強さのまま，軸索の末端まで無事に伝えられ，数千から数万ものシナプスへと届けられるのです。

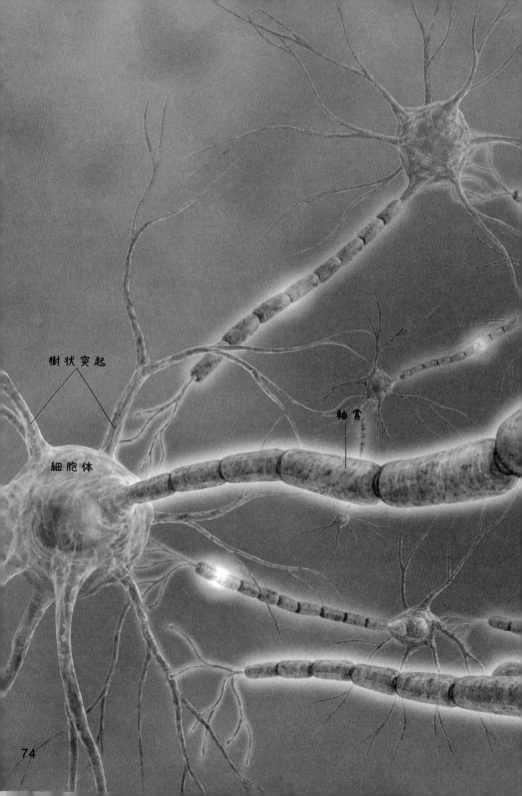

樹状突起

細胞体

軸索

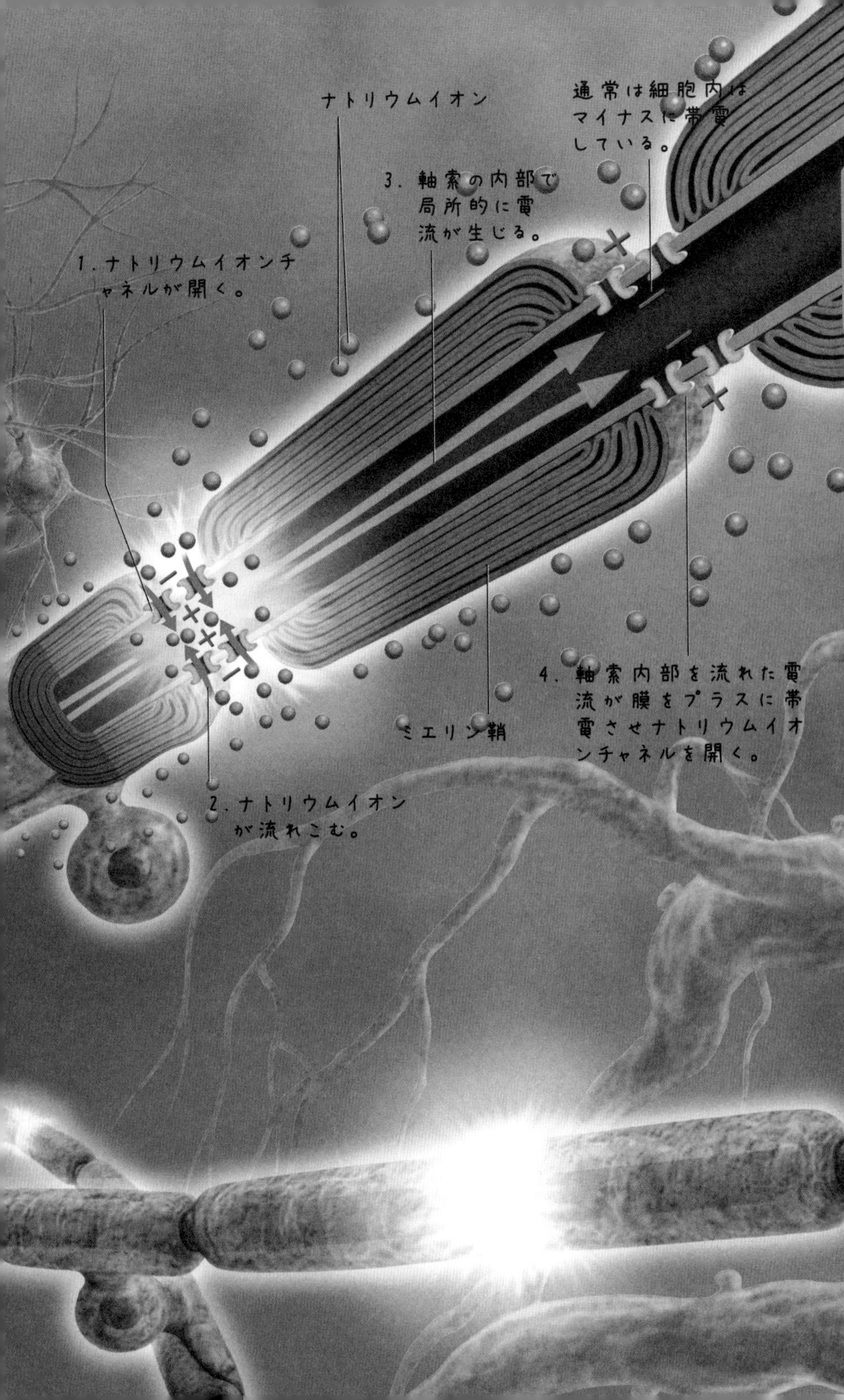

ナトリウムイオン

通常は細胞内は
マイナスに帯電
している。

3. 軸索の内部で
局所的に電
流が生じる。

1. ナトリウムイオンチ
ャネルが開く。

4. 軸索内部を流れた電
流が膜をプラスに帯
電させナトリウムイオ
ンチャネルを開く。

ミエリン鞘

2. ナトリウムイオン
が流れこむ。

神経細胞をへだてる，シナプス間隙

いやあ～。電気信号を伝えるものすごいメカニズムに圧倒されましたよ……。

軸索を伝わった電気信号は，軸索の末端にあるシナプスに達し，ここで次の神経細胞へと伝えられます。
でも実は，シナプスにはごくわずかにすきまがあるため，電気信号をそのまま伝えることはできないのです。

ええ～!?

このわずかなすきまを**シナプス間隙**といいます。
シナプス間隙は20～40ナノメートルで，電子顕微鏡でないと見ることはできません。
ちなみに，1ナノメートルは，1ミリメートルの100万分の1です。

せまっ！
でも，そのすきまのせいで，信号がとぎれてしまうんじゃないですか？

たしかに，軸索を通ってきた電気信号はこのシナプス間隙を飛びこえることはできません。
そこで神経細胞は，**ある作戦**で信号を伝えるのです。

作戦？

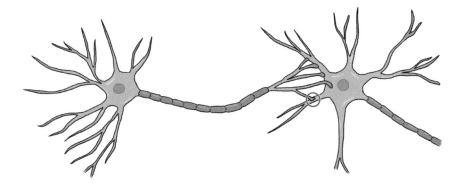

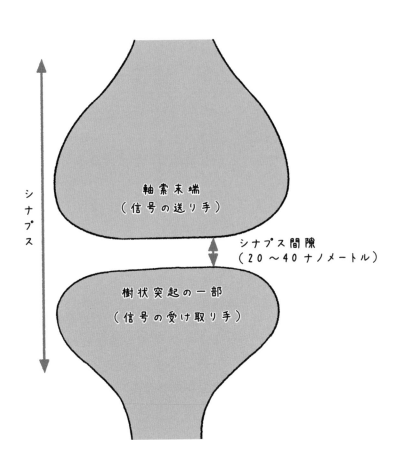

シナプス

軸索末端
（信号の送り手）

シナプス間隙
（20〜40ナノメートル）

樹状突起の一部
（信号の受け取り手）

はい。

ずばり，**「電気信号を化学物質に変換して，次の神経細胞に投げることで，すきまをこえる」という作戦です。**

つまり，シナプスのすきまのところで，電気信号を化学信号に切りかえるわけです。

電気信号を，化学信号に切りかえる？
いったいどういうこと!?

80ページのイラストは，その伝達のようすをくわしくえがいたものです。

まず，軸索の末端に電気信号が届き，それが感知されると，**カルシウムイオン**が軸索の末端部分に流れこみます（1）。

すると，それをきっかけに，軸索の末端からシナプス間隙に，**神経伝達物質**（グルタミン酸やタンパク質などの化学物質）という情報の伝達をになう物質が放出されます（2）。

これが，電気信号を化学物質に変換して次の神経細胞に投げるというしくみです。

ひぇ～！

放出された神経伝達物質は，次の神経細胞の樹状突起でキャッチされます。受け手側の樹状突起の表面には，**受容体**（レセプター）という，細胞膜を貫通する分子があり，そこに神経物質が結合するのです（3）。

この受容体には，開閉式の穴があって（普段は閉じている），神経伝達物質が結合すると穴が開き，そこから細胞外の**ナトリウムイオンなどの陽イオン**が一気に流れこみます（4）。

はぁ。

ナトリウムイオンは電気をおびているので，ふたたび電気信号が生まれます。つまり，化学信号がふたたび電気信号に戻されるわけです（5）。

こうして，神経細胞の信号は無事にシナプス間隙をこえ，また次の神経細胞へと伝わっていくのです。

これにかかる時間は，わずか**1000分の1秒**といわれています。

しくみが複雑すぎてめまいが……。

ふふふ。面白いでしょう。

つまり，信号は，神経細胞の中では電気信号で伝わり，シナプス間隙を通るときに化学信号に切りかわり，次の神経細胞に届くと，ふたたび電気信号に切りかわるわけですね。

神経細胞は，なぜこんな面倒な方法で信号を伝達するんですか？

軸索の末端
（情報の送り
　手側にあたる）

ミトコンドリア

カルシウムイオン

1. カルシウムイオン
　チャネルが電気
　信号を感知する
　と，カルシウムイ
　オンが流れこむ。

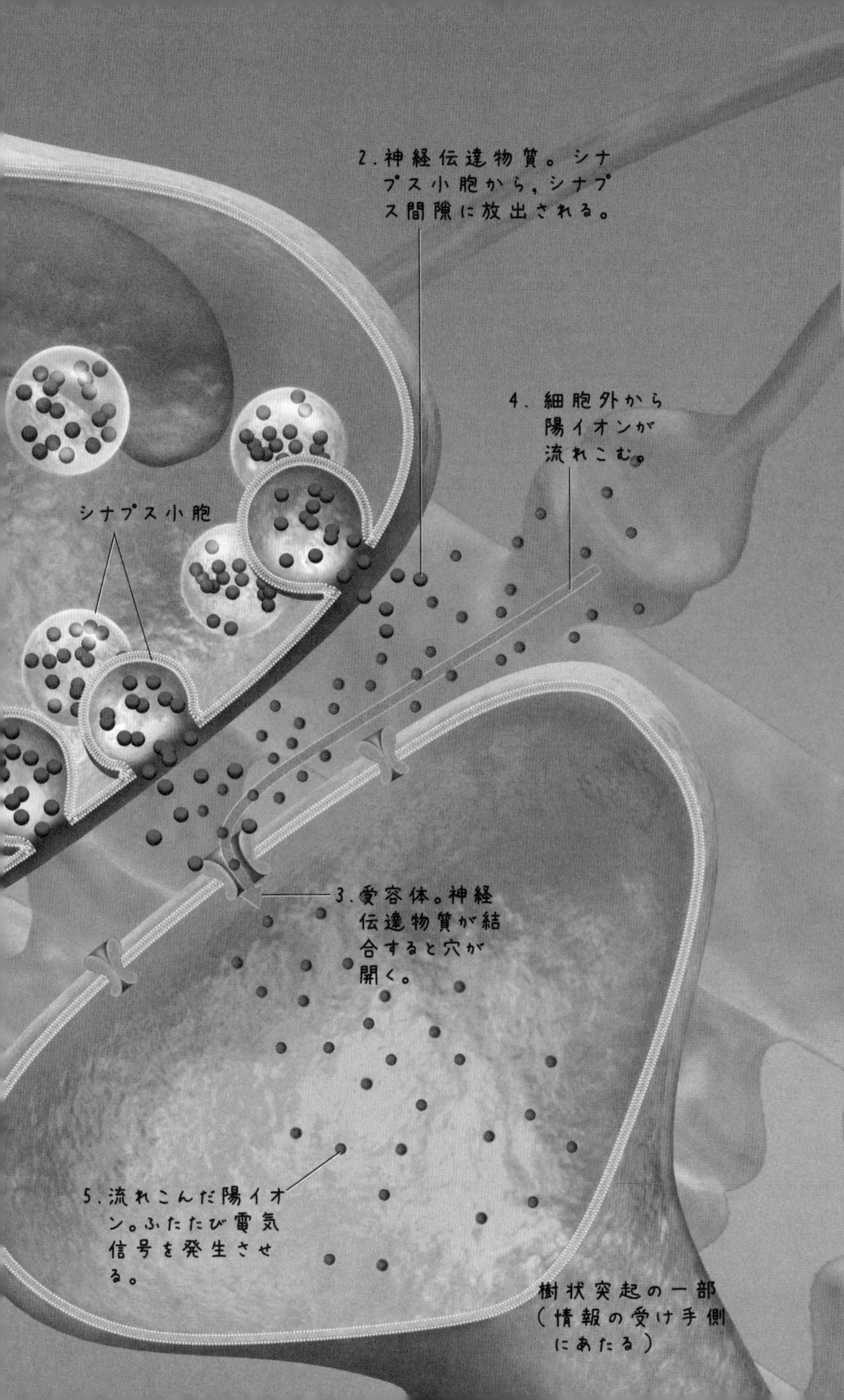

2. 神経伝達物質。シナ
プス小胞から，シナプ
ス間隙に放出される。

4. 細胞外から
陽イオンが
流れこむ。

シナプス小胞

3. 受容体。神経
伝達物質が結
合すると穴が
開く。

5. 流れこんだ陽イオ
ン。ふたたび電気
信号を発生させ
る。

樹状突起の一部
（情報の受け手側
にあたる）

81

実は神経細胞は，シナプスのすきまでやりとりされる神経伝達物質の量を調整することで，次の神経細胞へ伝える信号の量を変化させているんです。
このようなシナプスでの信号の量の変化が記憶の形成にかかわっていると考えられているんですよ。

ポイント！

神経細胞での信号の伝わりかた
1 電気信号（神経細胞内）
↓
2 化学信号（シナプス間隙）
↓
3 電気信号（神経細胞内）

神経細胞の活動には，介護役が必要不可欠

ここで，何度か登場したグリア細胞についても紹介しておきましょう。

神経細胞とともに脳をつくっている細胞でしたね。主役は神経細胞で，その補助的な役割であると。

その通りです。
グリア細胞は，神経細胞のすきまを埋め，主に補助的な役割をになう細胞の総称です。
空間を埋めている細胞ということから，支持細胞ともよばれます。

神経細胞を支える役割なんですね。

ところが！
近年，グリア細胞は，神経細胞の信号伝達を助けるなど，より積極的に脳のはたらきにかかわっている可能性が示されています。現在さかんに研究が行われているところなんですよ。
ここでは，現在，明らかになっているグリア細胞のはたらきの一部を紹介しましょう。まず，ある種のグリア細胞は，神経細胞を常に"介護"しています。

介護？

ええ。
先ほど，ミエリン鞘をつくるグリア細胞をご紹介しましたが，グリア細胞は1種類だけではありません。
たとえば，**アストロサイト**というグリア細胞は，神経細胞がちゃんと信号伝達できるように，細胞内外の環境（イオンの濃度など）を整えるグリア細胞です。

そんな細胞もいるんですか。

アストロサイトという名は，細胞が星形をしていることから，ギリシャ語で星を意味する「アストロ」に由来します。
脳内のアストロサイトの数は，神経細胞と同等，またはそれ以上と推定されていて，環境を整えるほか，無数の突起を広範囲にのばして，広がった先端で血管を包んだり，神経細胞本体に密着したりしています（86ページのイラスト）。

本当に，神経細胞に寄りそって介護してるみたい。

そうなんです。
神経細胞は大量のエネルギーを消費するので，自分で栄養（グルコース）を取りこむだけではなく，アストロサイトが，血管から神経細胞へ栄養（乳酸）を"給仕"すると考えられています。

えっ, 栄養を給仕するなんて, 完全に介護じゃないですか。

 そうなんですよ。
実際にグリア細胞のはたらきがないと, 長期記憶の形成
などに支障が出るという報告もなされています。
どうやらグリア細胞は, たんなる "つなぎ" やら "補助" ど
ころか, 脳や神経細胞にとって, **欠かせない存
在**のようなのです。

 神経細胞の活動に気を取られていましたけど, まさに縁
の下の力持ちが支えていたわけですね！

 そうですね。
一つのアストロサイトは, 10万個以上のシナプスに密着
していて, その接続部での情報伝達には, アストロサイ
トも積極的にかかわっていると考えられるようになって
きています。

 一気にグリア細胞への注目度がアップしましたよ！
アストロサイト以外のグリア細胞には, どんなものがあ
るんですか？

 そうですね, **ミクログリア**というグリア細胞の一種が
あります。このグリア細胞は, 脳内の不要物質や死んだ
神経細胞, さらにはウイルスやバクテリアを取り除くは
たらきがあります。

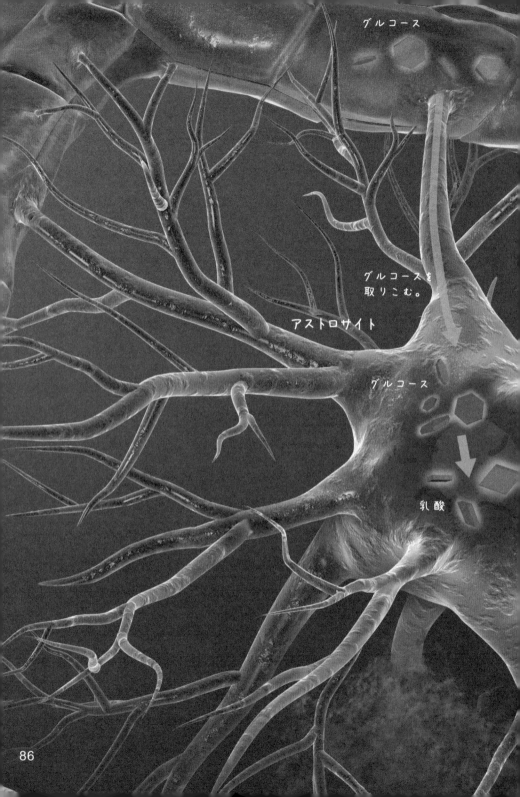

グルコース

グルコースを
取りこむ。

アストロサイト

グルコース

乳酸

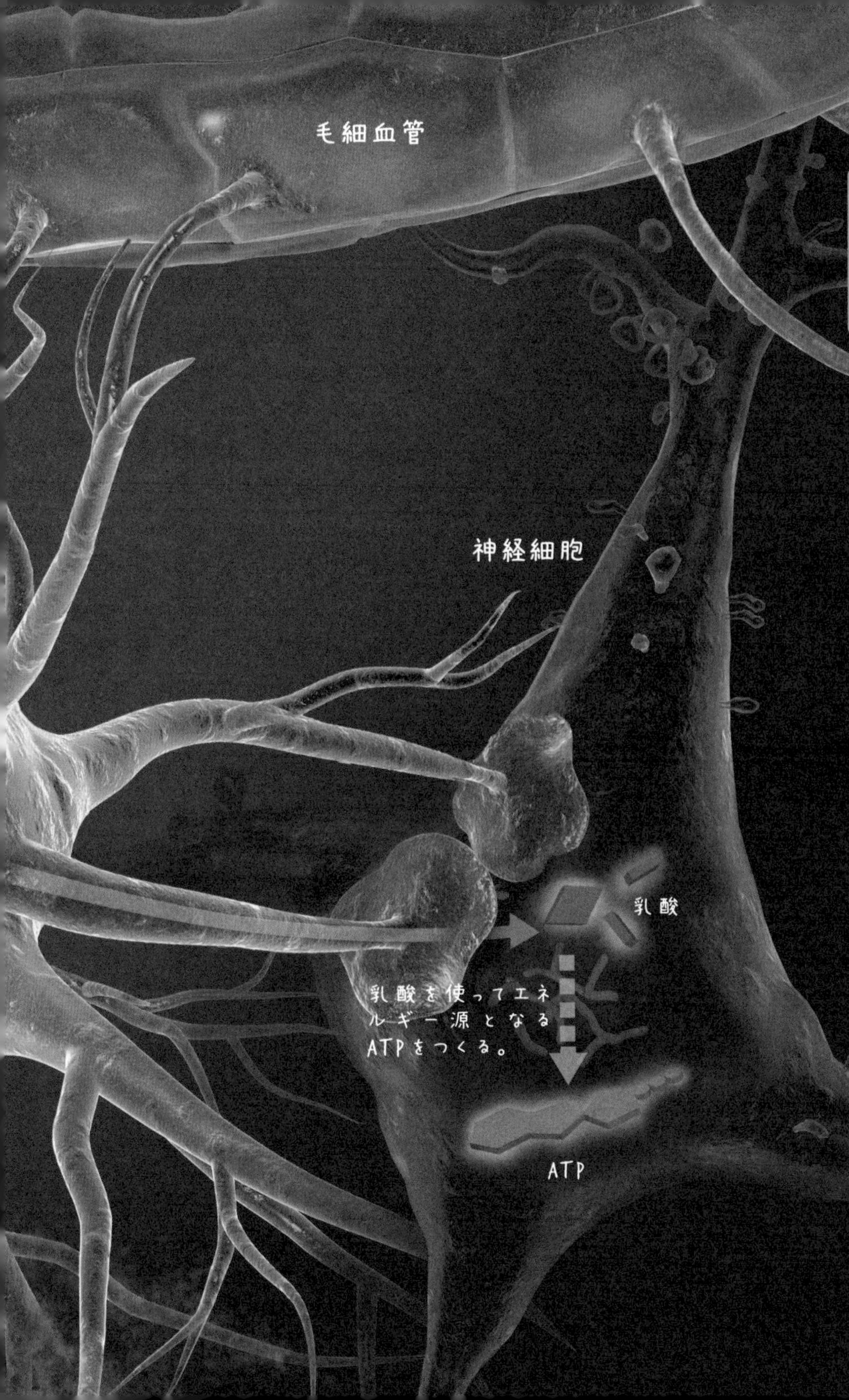

毛細血管

神経細胞

乳酸

乳酸を使ってエネ
ルギー源となる
ATPをつくる。

ATP

87

脳の掃除役ですね！

 ええ，そうですね。
グリア細胞はアルツハイマー病の発症にも深くかかわる
細胞ですので，覚えておいてください。

 グリア細胞もあなどれない存在なんですね。

STEP 2

記憶のしくみ

人の顔や名前，仕事の手順など，私たちは多くのことを記憶しています。認知症になったときに大きな影響が出るのが，脳の記憶のしくみです。記憶はどうやってつくられるのでしょうか。

記憶には，海馬が必要

さあ，ここからは**脳の記憶のしくみ**について見ていきましょう。
認知症によって，真っ先に影響が出るのが脳の記憶のしくみなんです。

脳のどこで記憶はつくられるんでしょうか？

記憶にとってとくに重要なのは，脳の内部にある**海馬**だといわれています。
海馬は，左右の大脳半球それぞれにあり，海馬につながる**脳弓**とともに，脳の中央部から左右に向かってらせんをえがくような，特徴的なかたちをしています。

海馬って聞いたことがあります！

海馬という名は、そのかたちが、
ギリシア神話の海神が乗る馬
の前肢に似ていることに由来し
ている。

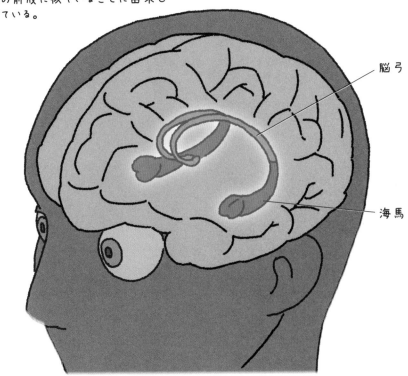

脳弓

海馬

 海馬には，視覚や聴覚，嗅覚，味覚，そして皮膚感覚と
いった五感をはじめ，あらゆる感覚器官が受け取った外
界の刺激が，電気信号に変換されて入力されます。

海馬は集められた信号を整理し，一定期間（一か月から最大で数か月）たくわえるはたらきをになっていると考えられています。

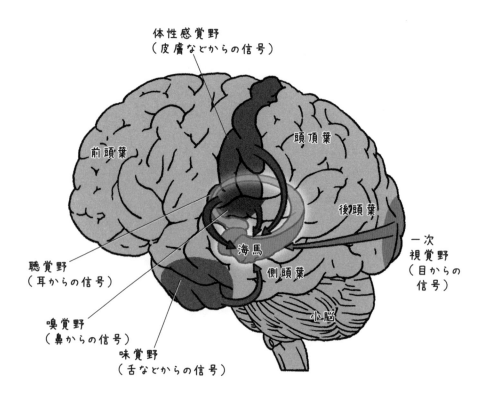

体性感覚野
（皮膚などからの信号）

前頭葉

頭頂葉

後頭葉

海馬

一次
視覚野
（目からの
信号）

聴覚野
（耳からの信号）

側頭葉

小脳

嗅覚野
（鼻からの信号）

味覚野
（舌などからの信号）

 こんな小さな部分が，そんな重大な役割をになっているんですね！

ええ。現在，脳の記憶に関する研究において，海馬は非常に重要視されているんです。そのきっかけとなったのは，アメリカでおきた次の事例です。

1953年，アメリカの**てんかん患者**から，海馬全体と大脳皮質の側頭葉の一部を除去する手術が行われました。

てんかん？

てんかんとは，神経細胞の回路を流れる電気信号に異常が発生する病気です。この患者のてんかんは，海馬が原因と考えられました。

そこで海馬を除去したところ，この患者のてんかんの症状はおさまりました。**しかし，なんとこの患者は「記憶力」を失ってしまったのです。**

記憶力を……？

はい。

手術後，新たな出来事をまったく覚えられなくなってしまったのです。

会話をしても，数分後には会話の内容どころか，会話をしたことさえ覚えられなくなってしまいました。ただし，手術より数年以上前の出来事は覚えており，思いだすことができたといいます。

それはどういうことなのでしょう？

この事例は，海馬に関する二つのことを示しています。
一つは，記憶を新たにつくるためには，海馬が必要だということ。もう一つは，古い記憶の最終的な貯蔵庫は海馬ではない，ということです。

なるほど……。海馬は記憶をつくるのに必要なのですね。でも，できた記憶はどこに貯蔵されるのですか？

最終的には，大脳皮質にたくわえられると考えられています。
50年ほど前，カナダの神経外科医 ワイルダー・グレイヴス・ペンフィールド（1891 〜 1976）が，てんかんの手術の際，患者の大脳皮質の側頭葉に電気刺激をあたえたところ，その患者は過去の出来事をありありと思いだしたといいます。
これは，側頭葉の神経細胞の回路に固定された記憶が，刺激を受けることで再現されたのだと考えられています。

最終貯蔵庫は，大脳皮質というわけなんですね。

ポイント！

記憶の保存
新しい記憶は，海馬で整理されたのち，大脳皮質に最終的にたくわえられると考えられている。

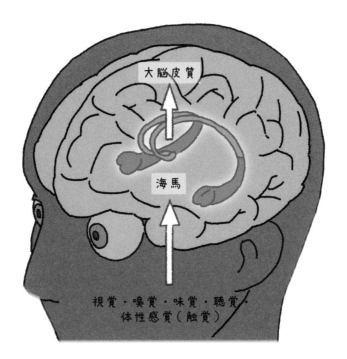

大脳皮質

海馬

視覚・嗅覚・味覚・聴覚・
体性感覚（触覚）

神経細胞の変化が，記憶をつくる

 記憶ってどうやってつくられて，保存されるんでしょうか？

 記憶のしくみはまだ十分に解明されているとはいえません。
今のところ，神経細胞のネットワークに変化がおきて，さらに，その変化が維持されることで，記憶がつくられ，維持されると考えられています。
このように神経細胞のネットワークに変化がおきて，それが維持されるという性質を脳の可塑性といいます。脳の可塑性は，記憶を語るうえでの重要なキーワードです。

ポイント！

脳の可塑性
脳の神経細胞のネットワークが，状況に応じて変化し，それが維持されること。

 は，はい！
でも，神経細胞のネットワークに変化がおきるって，具体的にはどういうことですか？

「記憶前」の脳の中

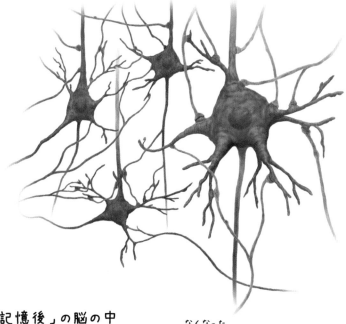

「記憶後」の脳の中

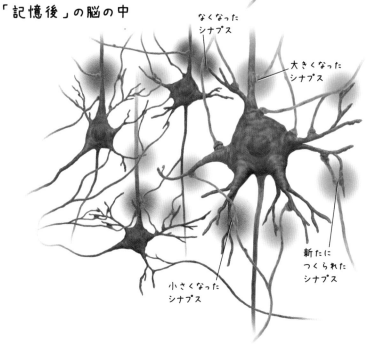

なくなった
シナプス

大きくなった
シナプス

新たに
つくられた
シナプス

小さくなった
シナプス

記憶の形成にはとくに，シナプスで，**神経細胞間の信号の伝達効率**に変化がおきて，神経細胞どうしの結びつきが変わることが重要だと考えられています。

ほぉ。シナプスですか。

ええ。
このようなしくみは，1949年にカナダの心理学者**ドナルド・ヘッブ**（1904 〜 1985）によって**予言**されました。
ヘッブは「**ある神経細胞から次の神経細胞にくりかえし信号が伝えられた場合，それに関係したシナプスでのみ，伝達効率が上がる**」と考えました。

ふむふむ。

ヘッブの主張が正しいことは，1973年に実験でたしかめられました。ウサギの脳の**海馬の神経細胞**をくりかえし電気刺激したところ，その部分の神経細胞のシナプスで，信号の伝達効率がアップしたのです。そしてその変化は，電気刺激を止めたあとでもつづきました。

変化だけでなくて，その変化が維持された！
可塑性が見られたというわけですね。

その通りです。
この現象はLTP（Long Term Potentiation：長期増強）と名付けられました。

記憶力の鍵はシナプスでの信号の伝達効率の上昇ってことですか？

 そうです。
その後の研究で，LTPがおきやすいネズミは記憶・学習能力が高いことがたしかめられました。
このような研究が次々に進み，現在，LTPは記憶の基本的な原理だと考えられるようになっています。

ポイント！

LTP（Long Term Potentiation：長期増強）
強い刺激によって，信号が多く流れた神経細胞間のシナプスで，信号の伝達効率が長期的にアップしつづける現象。

信号の受信器が増えて，短期の記憶がつくられる

神経回路が何度も刺激されて，信号の伝達効率が上がることが記憶の形成に重要なんですね。
でも，なぜ刺激を受けたシナプスだけ伝達効率が上がるんですか？

では，LTPがおきる具体的なしくみを説明しましょう。
まずは，シナプスでの信号伝達について思いだしてください。
電気信号がシナプスの手前までくると，神経細胞からシナプス間隙（シナプスとシナプスのわずかなすきま）に神経伝達物質が放出されます。

電気信号が化学信号に変換されるんでしたね。

そうです。そして，受け手側で待ちかまえる受容体（レセプター）に神経伝達物質がくっつくと，受け手側の神経細胞にナトリウムイオンが流れこみ，ふたたび電気信号に変換されるわけです。

よくできていますよねぇ。

さて，信号の伝達効率は，これ1回の反応だけでは，上がることはありません。しかし，印象的な出来事を経験するなどした場合，ごく短い時間に，くりかえし信号が送られてくることがあります。

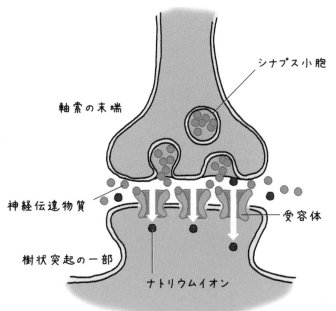

シナプス

シナプス小胞

軸索の末端

神経伝達物質

受容体

樹状突起の一部

ナトリウムイオン

 この場合，短時間のうちに神経伝達物質がくりかえし受けわたされて，受け手側の神経細胞に大量のナトリウムイオンが流れこみます。するとナトリウムイオンだけでなく，**カルシウムイオン**が流れこむようになるんです！

 大量のナトリウムイオンに，**カルシウムイオン**まで！

軸索の末端
（送信側）

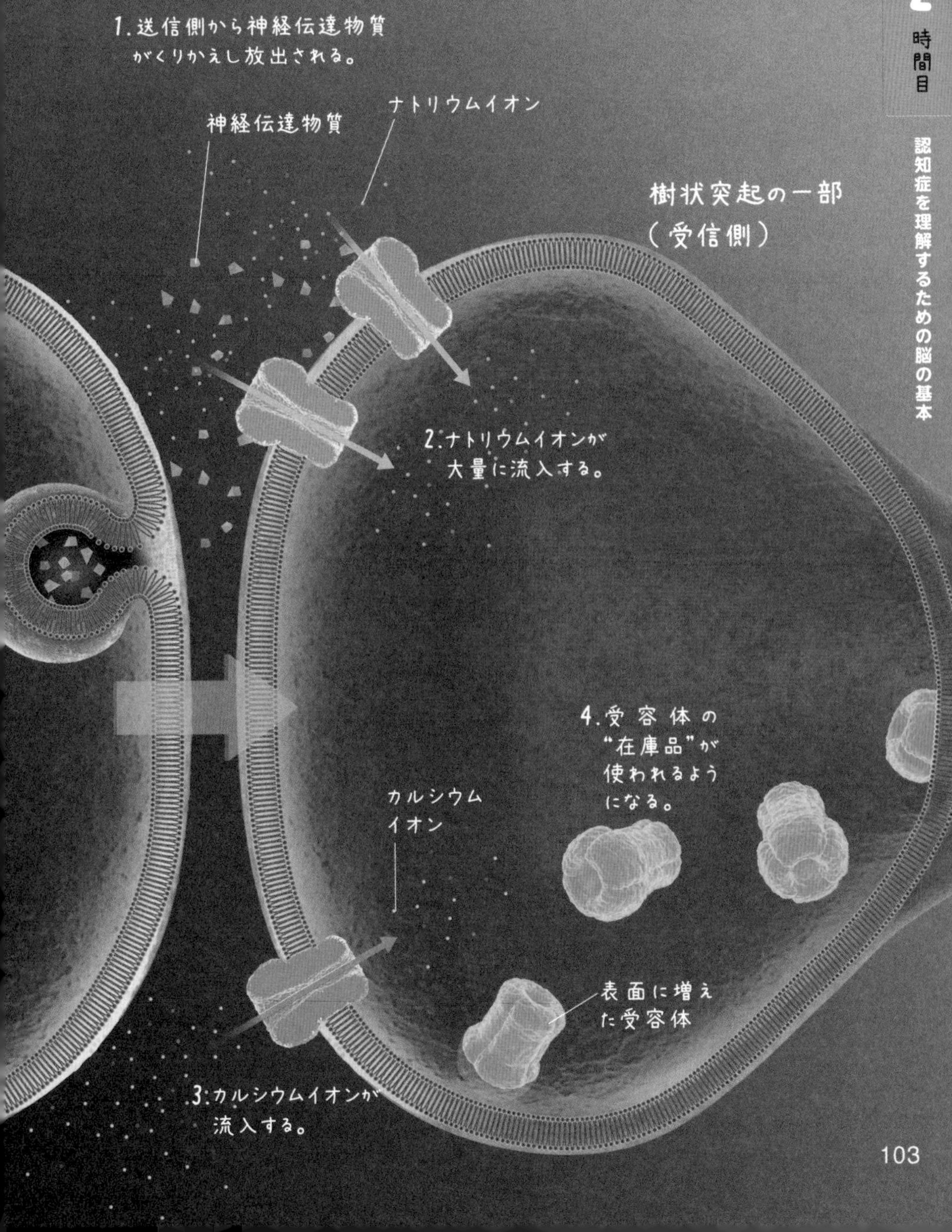

1. 送信側から神経伝達物質
がくりかえし放出される。

神経伝達物質　　　ナトリウムイオン

樹状突起の一部
（受信側）

2. ナトリウムイオンが
大量に流入する。

4. 受容体の
"在庫品"が
使われるよう
になる。

カルシウム
イオン

表面に増え
た受容体

3. カルシウムイオンが
流入する。

2
時間目

認知症を理解するための脳の基本

103

はい。
実は受容体には，普段は出動しない"予備の在庫品"
があり，出番を待っています。
カルシウムイオンが流れこむと，これをきっかけに受容
体の"予備の在庫品"が活動をはじめます。

予備の受容体が活動する！

**受容体が増えれば，受け手側の神経細胞により強い信号
が伝わる状態になります。これが，LTPがおきるしくみ
です。**
多くのシナプスでLTPがおきれば，結果的に受け手側の
神経細胞が発火しやすくなり，神経細胞のネットワーク
も変化するはずですよね。

なるほど……。こうして記憶がつくられるんですね！

このようなLTPは即座におき，そして数時間ほどつづき
ます。
しかし，それ以上長くはつづきません。
**せっかく増えても，そのまま放っておくと，受容体の数
は元にもどってしまうんです。**

ええっ，それじゃあ，せっかくの記憶が消えちゃう！

そうです。

たとえば，多くの人が今朝の朝食のメニューは覚えているでしょうが，1か月前の朝食のメニューは覚えていないでしょう。これは，このような理由によると考えられています。

こうした，短時間で消えてしまうLTPは，とくにE-LTP（Early LTP：前期長期増強）とよばれ，短期記憶にかかわると考えられています。

数時間で元にもどって，記憶も消えてしまうんですね。

ポイント！

E - LTP（Early Long Term Potentiation：前期長期増強）

一定以上の刺激によって即座におこるLTP。数時間ほどつづくが，それ以上長くはつづかない。

E-LTPは数時間しかつづかないんですよね？　じゃあ，昔の思い出とかの長期記憶はどうなんでしょう？

 長期記憶は，短期記憶をより安定させたものだといえます。
つまり，E-LTPの状態を長期間保てば，記憶は固定されるはずで，増えた受容体をそのまま維持するしかけが必要となります。
そのためには，神経細胞の核の力を借りなければなりません。

 核？

 はい。
細胞の核にはDNA，つまり遺伝子が収められています。
つまり遺伝子の力を借りるわけですね。

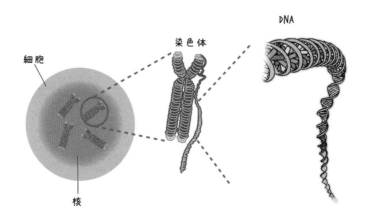

細胞　染色体　DNA　核

長く記憶するために，遺伝子の力を借りる……？

まず，E-LTPのときと同じように，ごく短い時間に連続して信号が送られることで，受け手側の神経細胞にカルシウムイオンが流れこみ，これをきっかけに受容体の数が増えます。

はい。そこまでは，E-LTPと同じですね。

E-LTPとちがうのはここからです。
一定以上の刺激があると，流れこんできたカルシウムイオンはさらに，遺伝子のスイッチを入れるタンパク質と結合し，活性化させるのです。すると遺伝子がはたらきだし，新たにさまざまな種類のタンパク質が合成されます。

いろんなタンパク質が合成されると，どうなるんですか？

いろいろなタンパク質が，受容体を固定するための「部品」として使われるんです。

受容体を固定する部品!?

受容体をタンパク質で固定することで，信号の伝達効率がアップした状態を，より長い間維持できるようになるのです。これが，長期記憶を保つしくみだと考えられています。

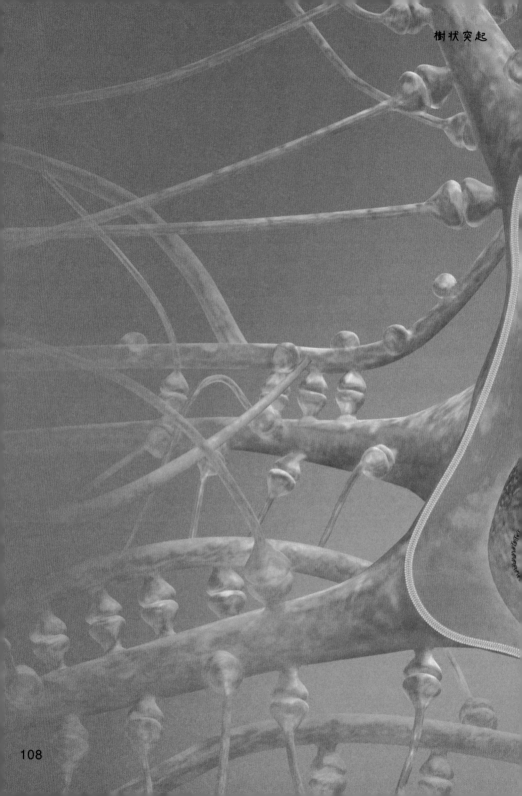

樹状突起

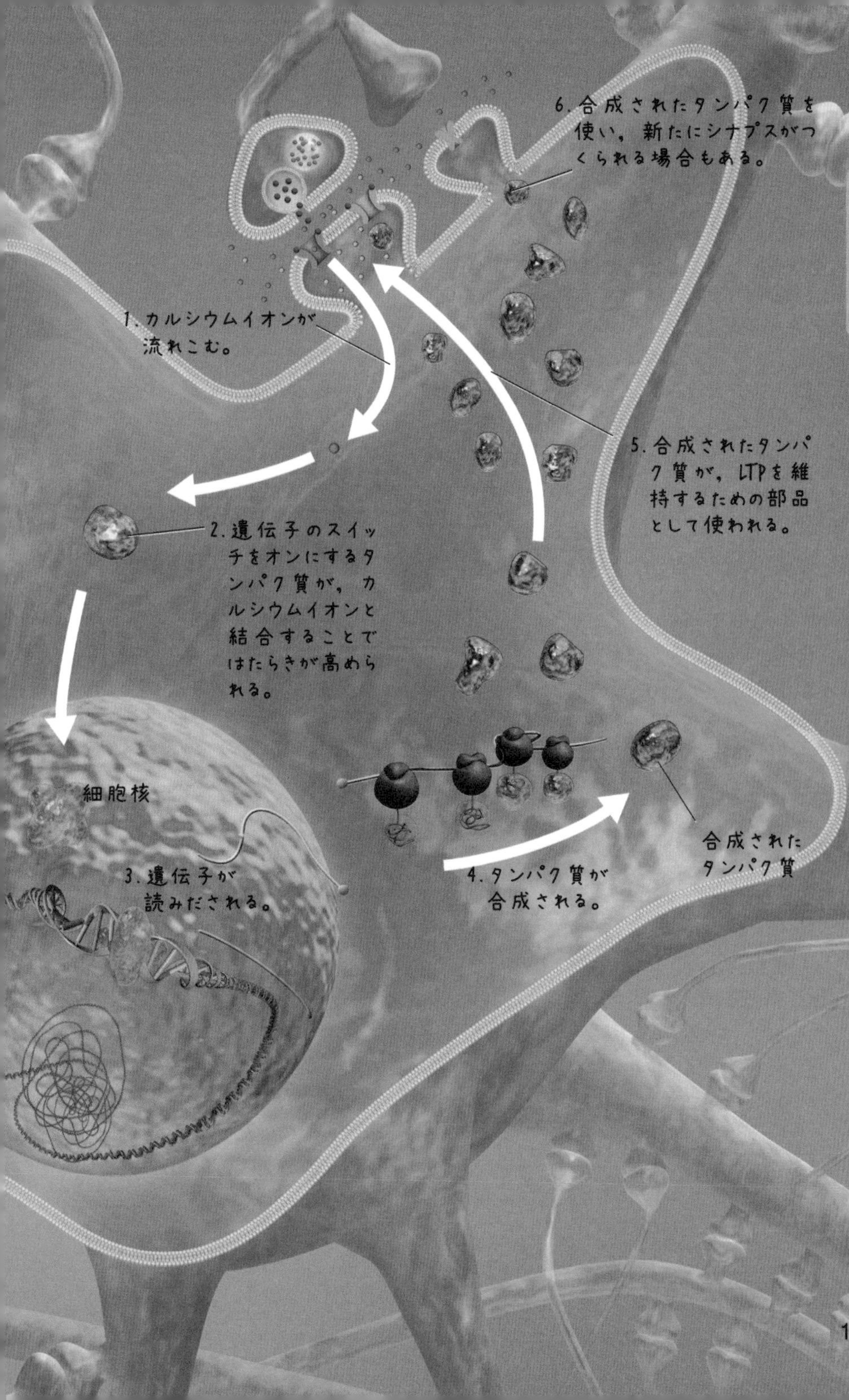

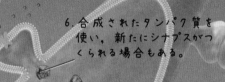
6. 合成されたタンパク質を
   使い，新たにシナプスがつ
   くられる場合もある。

1. カルシウムイオンが
   流れこむ。

2. 遺伝子のスイッ
   チをオンにするタ
   ンパク質が，カ
   ルシウムイオンと
   結合することで
   はたらきが高めら
   れる。

5. 合成されたタンパ
   ク質が，LTPを維
   持するための部品
   として使われる。

細胞核

3. 遺伝子が
   読みだされる。

4. タンパク質が
   合成される。

合成された
タンパク質

すごい！

この変化には，およそ数十分は必要だと考えられています。E-LTPのように，すぐにつくることはできませんが，いったんできあがってしまえば，かなり安定した化学信号の受信システムとなります。

このように，長期的にシナプスの信号伝達がよくなることを，L-LTP（Late LTP：後期長期増強）といいます。

しかも，新たにつくられたタンパク質は，受容体を固定するだけではなく，新たにシナプスをつくることもあると考えられているんですよ。

刺激のレベルによって，記憶のシステムを使い分けてるわけですね！
すごすぎる！

学習すると，神経細胞のでっぱりが大きくなる

 記憶の形成は，**細胞のかたち**にもあらわれているのか
もしれません。

 ええっ？　神経細胞のかたちそのものが変わっちゃうっ
てことですか!?

 はい。
シナプスの信号の受け手側の構造を**スパイン**とよびま
す。
同じスパインに何度も刺激がくると，スパインの大きさ
が変化するんです。

 # スパイン？

 はい。
シナプスの受け手側は，出っぱった構造になっています。
これがスパインです。ここで別の神経細胞が放出した神
経伝達物質を受け取ります。

 ふむふむ。

 これまでの研究で，**同じことをくりかえし学習すると，
同じスパインに何度も信号が送られて，スパインが大き
くなることがわかっています。**

111

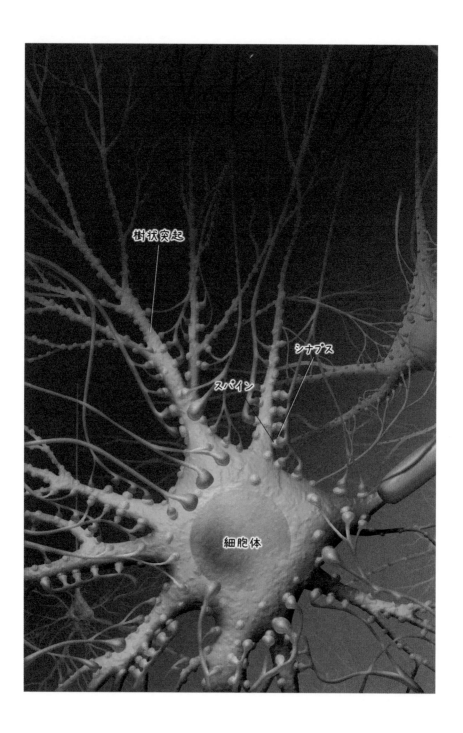

樹状突起

シナプス

スパイン

細胞体

スパインが大きくなると，信号を効率的に受け取れるようになることから，スパインは記憶が脳にたくわえられるしくみの一部だと考えられています。

やっぱり，記憶には，辛抱強いくりかえしの学習が必要なんですね。

なお，スパインの大きさが"自然に"変動していることも明らかになっています。
ラットの海馬の神経細胞を培養し，数日にわたって観察したところ，大きくなったり，小さくなったり，スパインの大きさは日々変動していたのです。
このスパインの変動から，記憶や学習の不思議な性質の一部を説明できるかもしれません。

といいますと？

新しい記憶，つまり小さなスパインは非常にたくさんありますが，そのままでは，変動によってすぐに消滅してしまいます。ですから，知識を身につけるためには，くりかえし学習してスパインを大きくする必要があります。
また，古い記憶は，すでにスパインがかなり大きくなっており，多少の変動くらいではなかなか消えないので，忘れにくいと考えられるのです。

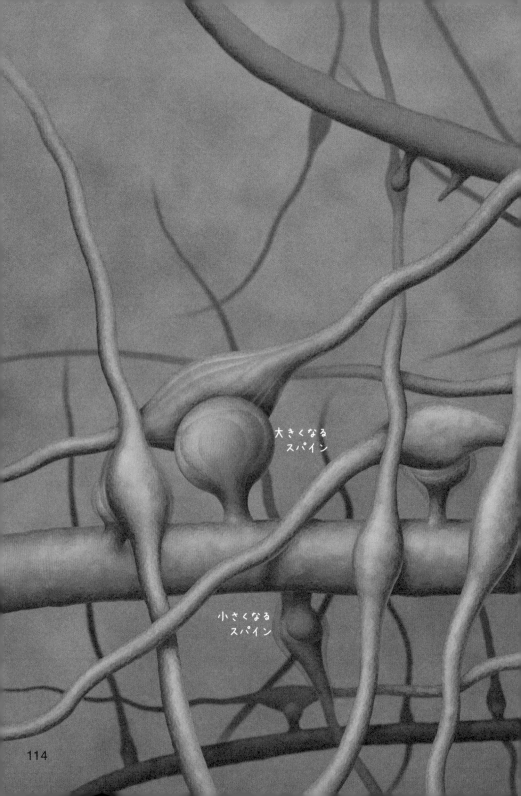

大きくなる
スパイン

小さくなる
スパイン

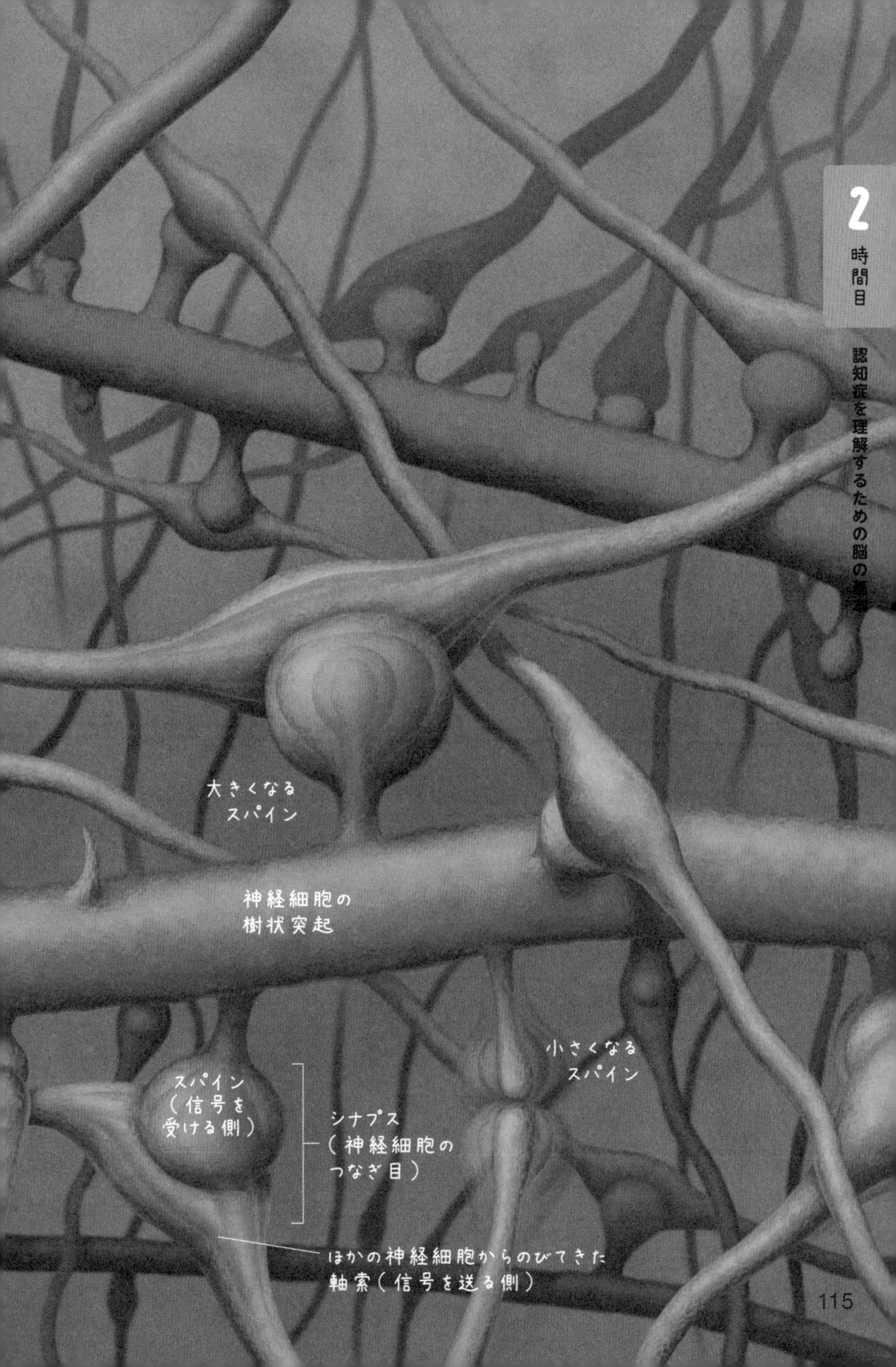

大きくなる
スパイン

神経細胞の
樹状突起

小さくなる
スパイン

スパイン
（信号を
受ける側）

シナプス
（神経細胞の
つなぎ目）

ほかの神経細胞からのびてきた
軸索（信号を送る側）

115

記憶するには，スパインを大きく成長させればいいわけ
ですか。いずれにしても，辛抱強く，コツコツとくりか
えす努力が必要なんですね……。

 そうですね。

116

認知症を理解するための脳の基本

3

時間目

認知症の
しくみと治療

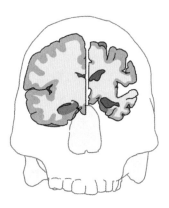

STEP 1

脳のゴミが引きおこす アルツハイマー病

認知症の 70% 近くを占めるアルツハイマー病は，脳内にたまった "ゴミ" によって引きおこされます。なぜ，ゴミがたまるのでしょうか？ アルツハイマー病のしくみを見ていきましょう。

アルツハイマー病は，40 代から忍び寄る

この 3 時間目では，それぞれのタイプの代表的な認知症について，お話ししましょう。
まずは認知症の 70% 近くを占める**アルツハイマー病**です。

アルツハイマー病って，たしか脳にゴミがたまるんでしたよね。

そうです。
アルツハイマー病では，脳内に**アミロイド β** と**タウ**という 2 種類のタンパク質の異常なかたまりが蓄積します。そして，神経細胞が死んでしまい，記憶を失ったり，思考能力が低下したりします。

ゴミがたまって，神経細胞が死ぬ……。

とくにアミロイドβの蓄積は，アルツハイマー病を発症する10〜20年前からすでにはじまっています。
つまり40代ごろから，着実にアルツハイマー病は忍び寄っているといえるのです。

長い時間をかけて，どんどん蓄積していくわけですね。

ええ。アルツハイマー病を発症するころには，それ以上，蓄積しない程度にまでたまっていることがわかってきています。
次のページのグラフを見てください。アルツハイマー病となる人の脳の中でどのような変化がおきるのかを示したものです。
横軸は，ある典型的な患者の年齢をあらわしています。

アミロイドβの蓄積はずいぶん早いですね。

そうでしょう。
アルツハイマー病の症状が出はじめるころには，アミロイドβの蓄積はほぼ頭打ちになっています。
アミロイドβの蓄積が進行すると，**タウ**という別のゴミが神経細胞内にたまっていきます。これが神経細胞の死を引きおこします。

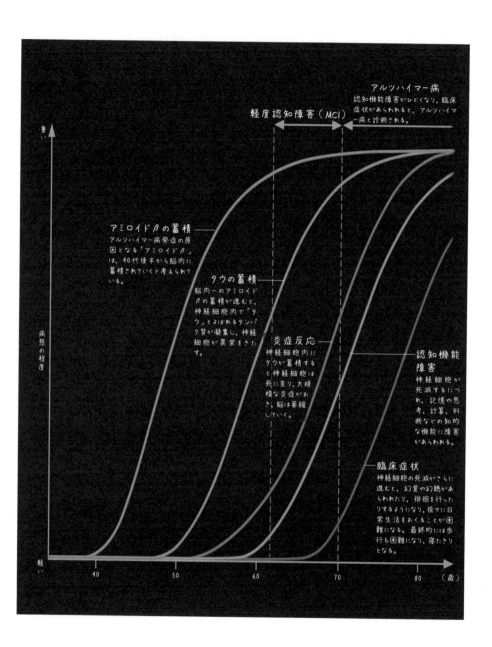

アルツハイマー病
認知機能障害がひどくなり、臨床症状があらわれると、アルツハイマー病と診断される。

軽度認知障害（MCI）

重い

病態の程度

アミロイドβの蓄積
アルツハイマー病発症の原因となる「アミロイドβ」は、40代後半から脳内に蓄積されていくと考えられている。

タウの蓄積
脳内へのアミロイドβの蓄積が進むと、神経細胞内で「タウ」とよばれるタンパク質が凝集し、神経細胞が異常をきたす。

炎症反応
神経細胞内にタウが蓄積すると神経細胞は死に至り、大規模な炎症がおき、脳は萎縮していく。

認知機能障害
神経細胞が死滅するにつれ、記憶や思考、計算、判断などの知的な機能に障害があらわれる。

臨床症状
神経細胞の死滅がさらに進むと、幻覚や幻聴があらわれたり、徘徊を行ったりするようになり、徐々に日常生活をおくることが困難になる。最終的には歩行も困難になり、寝たきりとなる。

軽い

40　　50　　60　　70　　80　（歳）

ひょえー。

 さらにこれらのタンパク質の蓄積によって，**大規模な炎症**がおきるようになり，脳はどんどん**萎縮**していきます。

 脳が縮むってことですか？

 そうです。
成人の正常な脳は1200～1500グラムほどありますが，アルツハイマー病を発症して10年ほど経つと，800～900グラムほどになってしまいます。

 おそろしい！

 神経細胞の死が進むと，記憶や思考，判断などの認知機能に障害が出るようになります。
さらには，幻覚や幻聴があらわれ，日常生活を送ることが徐々に困難になっていきます。最終的には歩行も困難になり，寝たきりになります。

 アルツハイマー病を食い止めることはできないんですか？

 アルツハイマー病を完治させる薬はまだありませんが，進行を遅らせる薬はすでに発売されています。
また，行動・心理症状に対して適切な介護をすることで，症状を軽減させることはできます。

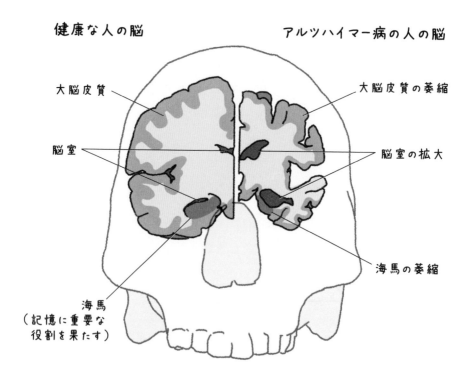

健康な人の脳　　　　　　　　　　　アルツハイマー病の人の脳

大脳皮質　　　　　　　　　　　　　　大脳皮質の萎縮

脳室　　　　　　　　　　　　　　　　脳室の拡大

海馬の萎縮

海馬
（記憶に重要な
役割を果たす）

アルツハイマー病になった人の脳は萎縮します。成人の正常な脳は
1200〜1500グラムほどです。アルツハイマー病を発症して10年ほ
ど経つと，脳は，800〜900グラムほどになってしまいます。

アルツハイマー病は，長い時間をかけて進行していきま
すから，早期発見・早期対応が，とっても大切なん
です。

アルツハイマー病の進行
　症状があらわれる 10~20 年前からアミロイドβ
の蓄積ははじまっており，時間をかけて進行し
ていく。

記憶の司令塔が真っ先に壊れる

アルツハイマー病では，海馬のあたりから脳の萎縮がは
じまり，周囲に広がっていきます。

海馬って，たしか記憶にかかわる部分でしたよね？

ええ，海馬は記憶に重要な役割を果たす器官です。
視覚や聴覚など感覚にかかわるほとんどの信号は，海馬
へと送られ，ここで新しい記憶がつくられます。
そして一部の記憶は大脳皮質へと送られ，長期に保存さ
れます。

ふむふむ。

アルツハイマー病になると，早期に海馬の神経細胞が減
少していきます。

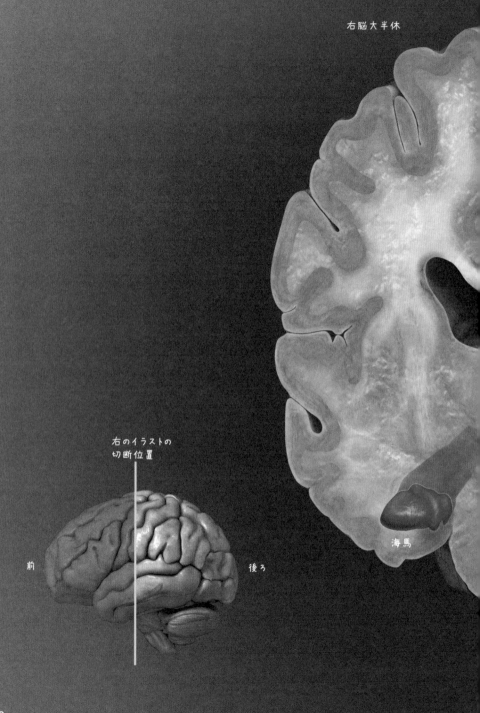

右脳大半休

海馬

右のイラストの
切断位置

前　　　　　後ろ

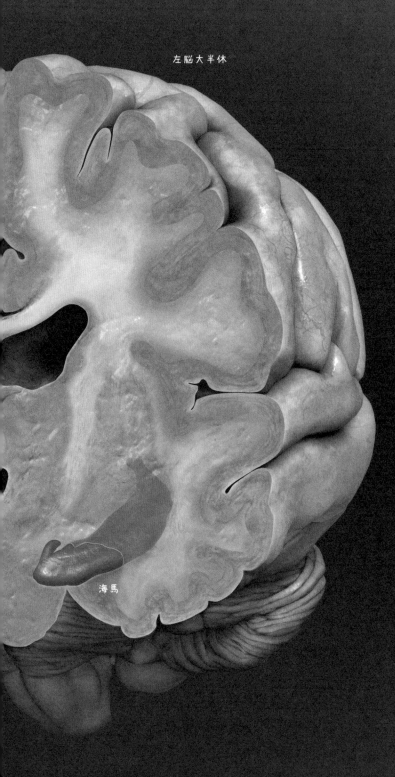

左脳大半休

海馬

そのため，行動や思考力などに異常があらわれる前に，まず，**もの忘れ**がはじまります。海馬は新しい記憶をつくるのに重要ですから，新しいことを覚えることがむずかしくなるのです。
アルツハイマー病は，このように**記憶障害**からはじまるのです。

うぅむ。
アルツハイマー病でダメージを受けるのは海馬だけなんでしょうか？

いいえ，さらにアルツハイマー病が進行すると，**大脳皮質**にまで病変が広がります。
2時間目で説明したように，大脳皮質は**前頭葉**や**側頭葉**などに分けられ，それぞれの部位ごとに役割がことなっています。
たとえば側頭葉は，子供のころなどの昔の記憶（遠隔記憶）を保管したり，聴覚からの情報を処理したりしています。
この側頭葉の神経細胞が死ぬなどの障害を受けると，遠い昔の記憶が失われたり，言葉をうまく発せられなくなったりします。

大脳皮質の神経細胞が死ぬと，昔の記憶もなくなってしまうんですか？

ええ。記憶は神経細胞どうしの**つながり**の中に保存されています。

頭頂葉

大脳皮質のうち，上方に位置する部位。頭頂葉は感覚情報の統合を行っています。また，頭頂葉の一部は視覚の処理に関わっており，特に物体の位置や方向などをとらえるために重要な部位です。

前頭葉

大脳皮質のうち，前方に位置する部位です。前頭葉には，体の動きを司る「運動野」が存在し，歩行などの運動をコントロールしています。また，社会性，理性的思考，それにともなう感情のコントロールを行っています。

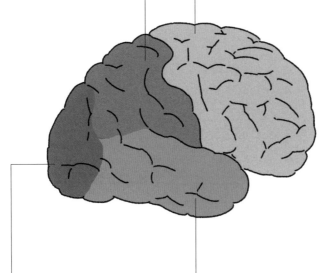

後頭葉

大脳皮質のうち，後方に位置する部位。眼からの信号を制御する「視覚野」の大部分は後頭葉に位置しており，視覚情報が記憶されている。

側頭葉

大脳皮質のうち，側面に位置する部位。側頭葉は，主に聴覚の処理にかかわる。また，音声や文字の意味を理解するはたらきを担っている。

アルツハイマー病によって神経細胞が死ぬと，そのつながりが失われることになり，記憶が失われます。

それは，とてもつらいですね。

ほかにも，頭頂葉が障害を受けると，物体の位置や方向・大きさなどを把握する空間認識能力の障害がおきます。
また，後頭葉に障害が広がると，物や人を見てもそれが何か判断できない，といったことがおきます。

人の顔を見ても，誰だかわからなくなるなんて……。
しかも根治する方法はないんですよね……。

でも今，多くの研究者がアルツハイマー病の治療法の開発に挑んでいます。
かつては神経細胞はほとんど細胞分裂をしないといわれていました。
しかし，実は海馬では新しい神経細胞が生みだされることがわかってきています。そのため，アルツハイマー病でも，早期であれば症状を和らげたり，元の状態に戻したりすることが可能ではないかと考えられているのです。

脳内のゴミが神経細胞の死をもたらす

 先生，アルツハイマー病の**根本原因**ってなんですか？
なぜ神経細胞が次々に死んでいくんですか？

 なぜ神経細胞が死滅していくのか，その原因はまだ十分にはわかっていません。
しかしこれまでにもお話ししてきたように，**アミロイドβ**と**タウ**という2種類のタンパク質が脳内に蓄積すること，および，それによって暴走する**炎症反応**に原因があるのではないかと考えられています。

ポイント！

アルツハイマー病の原因
アミロイドβやタウというゴミが脳内に蓄積し，さらにそれにより炎症反応がおきることで，神経細胞が死滅していく。

 アミロイドβやタウって何度か登場しましたけど，いったい何者なんですか？
それにどうして脳に蓄積するんですか？

では，まず**アミロイドβ**についてくわしく見ていきましょう。

アミロイドβは神経細胞の細胞膜にある**アミロイドβ前駆体タンパク質（APP）**というタンパク質から切りだされてできる断片のことです。

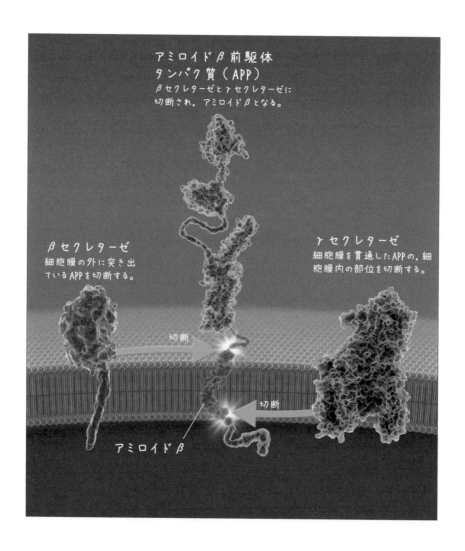

アミロイドβ前駆体
タンパク質（APP）
βセクレターゼとγセクレターゼに
切断され，アミロイドβとなる。

βセクレターゼ
細胞膜の外に突き出
ているAPPを切断する。

γセクレターゼ
細胞膜を貫通したAPPの，細
胞膜内の部位を切断する。

切断

切断

アミロイドβ

APP ？

まだくわしいことはわかっていませんが，APPは神経細胞の成長や，何かあったときの修復にかかわっていると考えられています。

アミロイドβは，APPの一部ってことですか？

そうです。
APPがはたらきを終えると，**はさみ**の役割をする二つの酵素によって切断され，その断片が細胞の外に放出されます。これがアミロイドβの正体です。

じゃあ，健康な人でもアミロイドβはつくられているんですか？

そうですよ。
でも切りだされたアミロイドβは，普通は脳内の掃除役である**ミクログリア**という細胞などによって排除されます。
しかし年齢を重ねるにつれて，この掃除機能が落ちていくのです。
そうして，脳内のアミロイドβの濃度が高くなると，アミロイドβどうしが次々とくっついて（凝集）巨大なかたまりとなり，神経細胞にまとわりつきます。
アミロイドβがくっついてできる，この巨大なかたまりは，**老人斑**とよばれています。

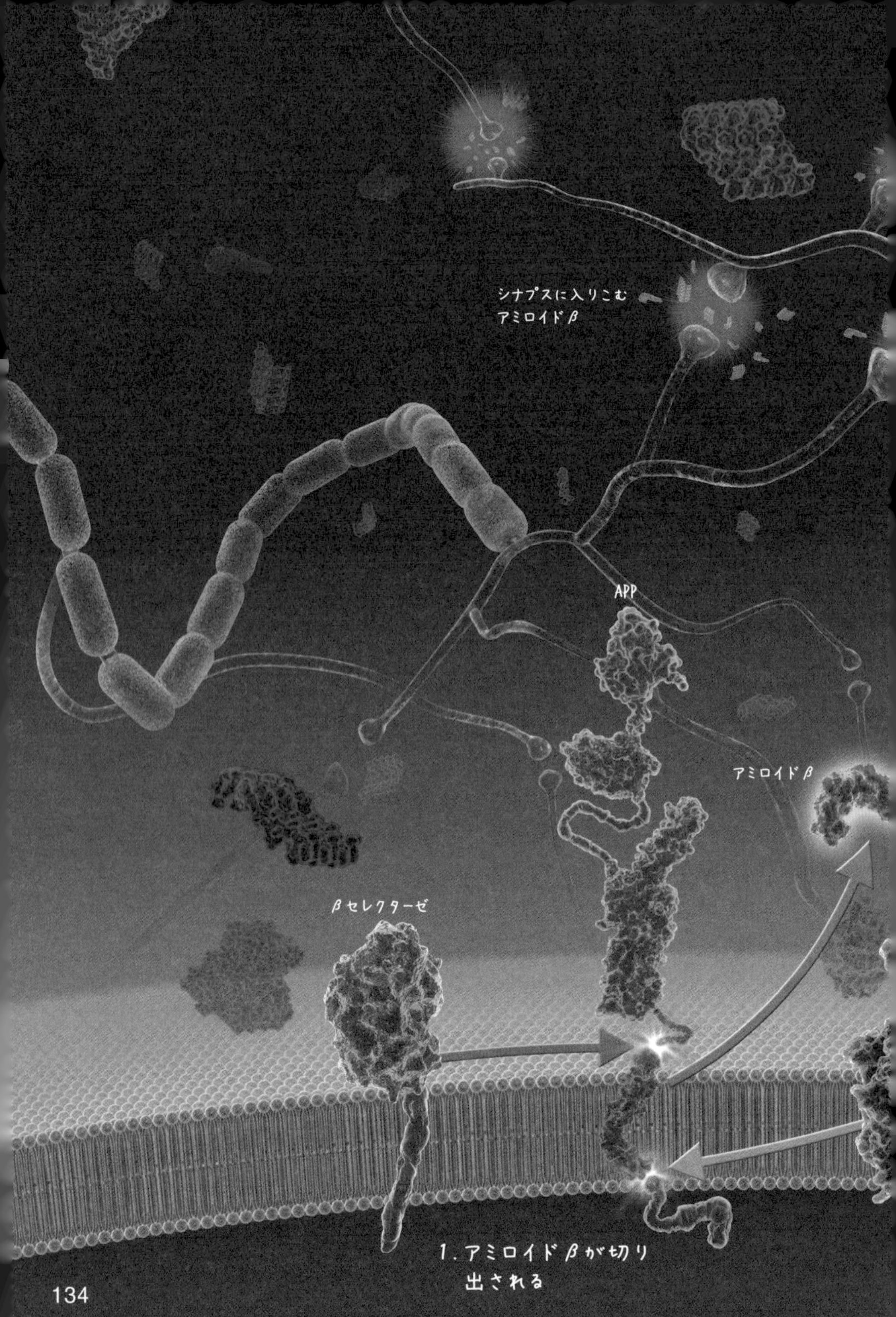

シナプスに入りこむ
アミロイドβ

APP

アミロイドβ

βセレクターゼ

1. アミロイドβが切り
出される

134

老人斑

3. 神経細胞が
　うまくはたらか
　なくなる

2. アミロイドβ
　が凝集する

βセレクターゼ

アミロイドβを除去す
るミクログリア

ろうじんはん……。

アルツハイマー病で亡くなった人の脳を顕微鏡で見ると，そこにしみや斑点のようなものが見えます。これがアミロイドβが集まってできた老人斑なんです。

このアミロイドβが神経細胞を殺すわけですか？

はい，そのように考えられています。
神経細胞にまとわりついたアミロイドβが神経細胞にダメージをあたえ，最後には**細胞死**を引きおこします。
また，シナプス間隙に入りこむことで，情報伝達を阻害するとも考えられています。

アミロイドβ，厄介なやつですね。

ええ。
さらに，アミロイドβは，別のゴミの蓄積も引きおこすと考えられています。それが**タウ**とよばれるタンパク質です。

それはどういうタンパク質なんですか？

神経細胞は，樹状突起や軸索といった，長い"ケーブル"をもっていることは前に説明しましたね。

このケーブルの中には**微小管**という線維が何本も走っています。
微小管は，神経細胞のすみずみにまで**栄養物質**などをはこぶための道路のような役割をします。

神経細胞の中には道路が走っているんですね！
それで，その微小管とタウはどんな関係があるんでしょうか？

微小管は**チューブリン**という小さなタンパク質がたくさん集まってできています。
このチューブリンがバラバラにならないように，つなぎとめておくはたらきをするタンパク質が**タウ**なのです。

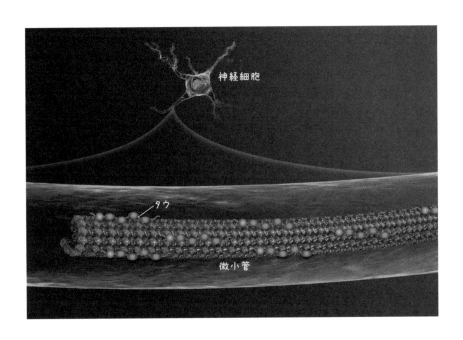

神経細胞

タウ

微小管

タウも神経細胞にとって，必要なタンパク質ってことですね。

その通りです。
本来，タウは神経細胞の中の物質輸送に欠かせないタンパク質です。
しかし，アミロイドβの蓄積が進んだり，加齢が進んだりすると，タウは微小管からはなれていき，異常に凝集するようになるのです。

それで微小管は大丈夫なんですか？

タウが微小管からはなれて凝集すると，微小管は崩壊します。
そして，すみずみに栄養がいきわたらくなった神経細胞は，軸索を縮めながら死にいたります。

うぅむ。

アルツハイマー病で亡くなった患者の脳を顕微鏡で観察すると，タウのかたまりや，神経細胞が変形しているようすが見えます。このような神経細胞の変化を**神経原線維変化**とよんでいます。
アルツハイマー病患者の脳は，この**神経原線維変化**と，先ほど述べた**老人斑**が認められることが大きな特徴なのです。

タウが蓄積した神経細胞

神経原線維変化と老人斑……。

さらに凝集したタウは神経細胞から吐きだされて，健康な神経細胞へと伝わり，さらなる神経原線維変化を引きおこすということがわかっています。
神経原線維変化は20年ほどかけて，海馬のあたりから大脳皮質全体にまで広がっていきます。このプロセスでアルツハイマー病が発症し，どんどん悪化していくのです。

アミロイドβもタウも，もとはといえば脳に必要なタンパク質なんですね。それがたまって，アルツハイマー病を引きおこしてしまうなんて……。

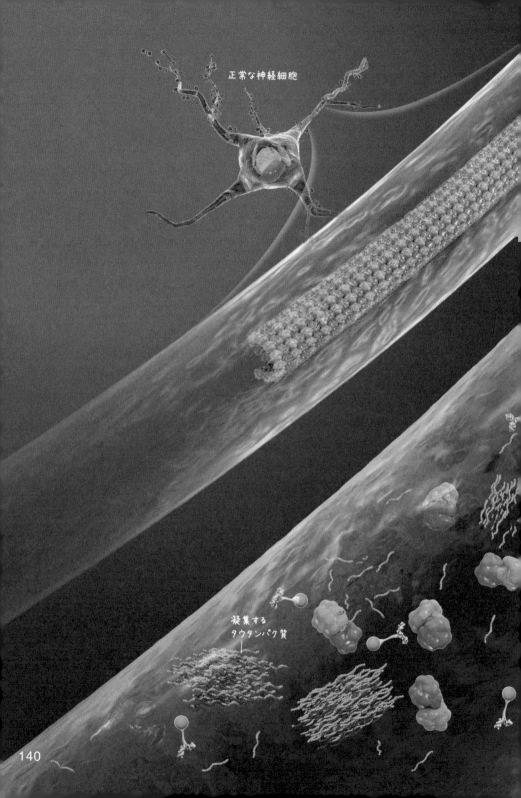

正常な神経細胞

凝集する
タウタンパク質

140

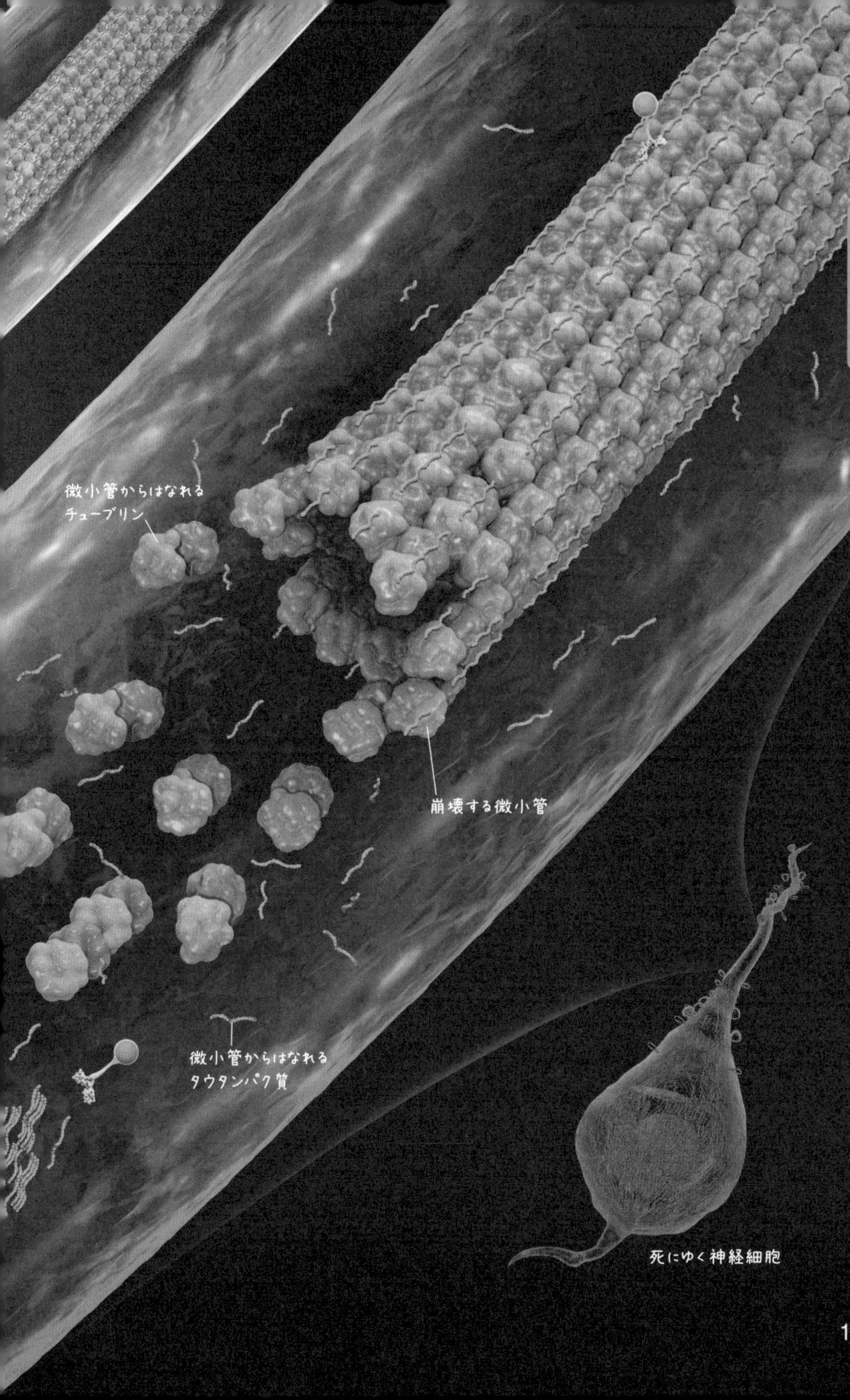

微小管からはなれる
チューブリン

崩壊する微小管

微小管からはなれる
タウタンパク質

死にゆく神経細胞

141

ゴミの掃除屋が神経細胞を攻撃

アミロイドβの蓄積は，タウの凝集に加えて，さらなる悪影響を引きおこすと考えられています。それが**炎症反応**です。

炎症反応？
たしかケガしたときとかにおきるものですよね。
それがどうして，アルツハイマー病と関係しているんですか？

炎症反応というのは，病原体の侵入など，"外敵"を攻撃する役割をもつ**免疫細胞**が反応し，その結果，その部分が赤くなったり，熱をもったりする現象です。

ですよね。風邪をひいたら熱が出ますし，炎症でのどが痛くなったりします。

脳内には，ミクログリアというグリア細胞の一種がいます。
脳内にゴミが蓄積すると，このミクログリアが炎症反応を引きおこすのです。

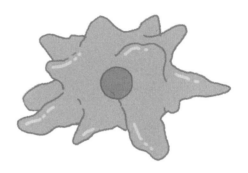

 ミクログリアって，たしか脳の掃除役でしたよね。

143

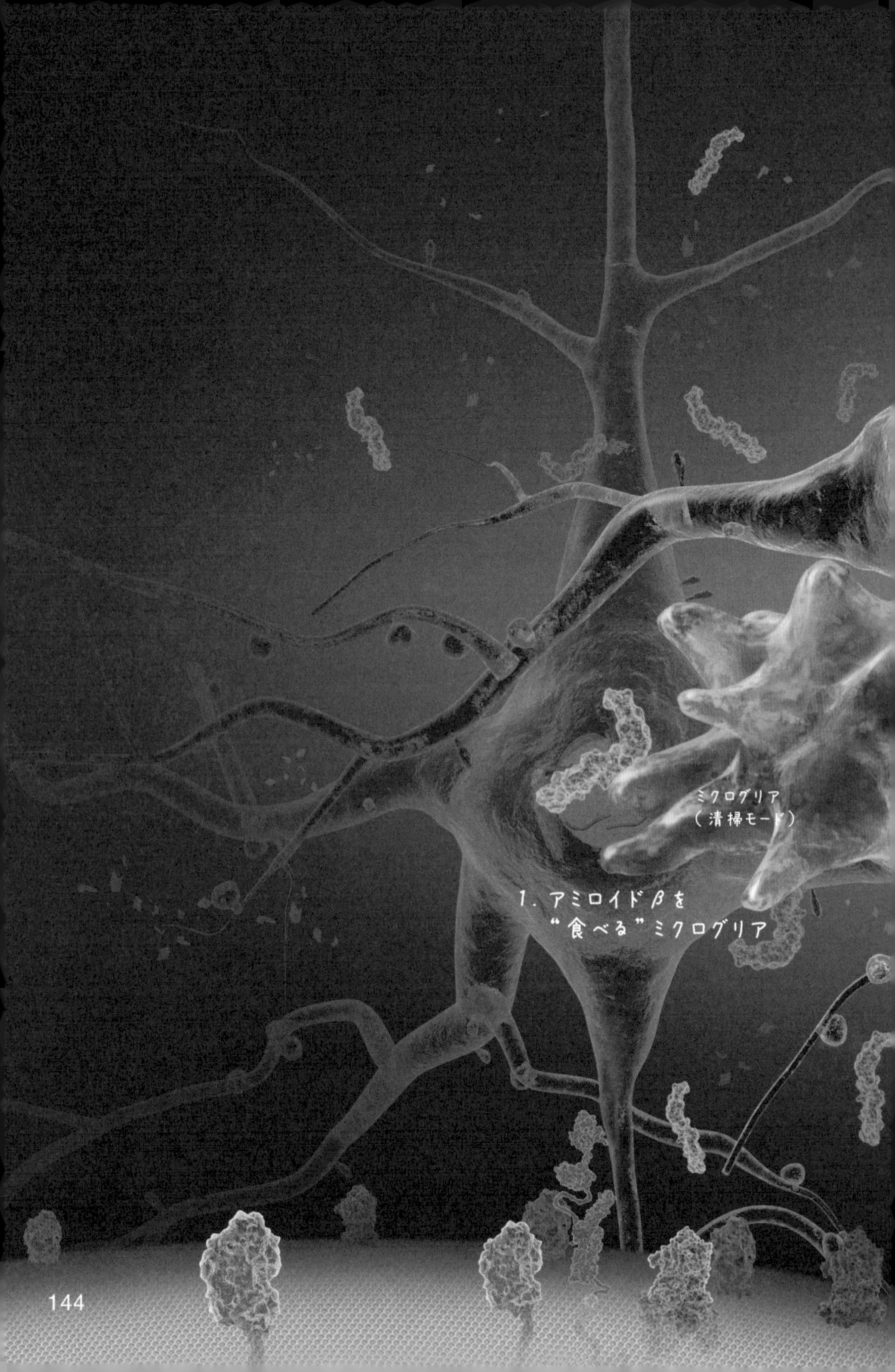

ミクログリア
（清掃モード）

1. アミロイド β を
"食べる"ミクログリア

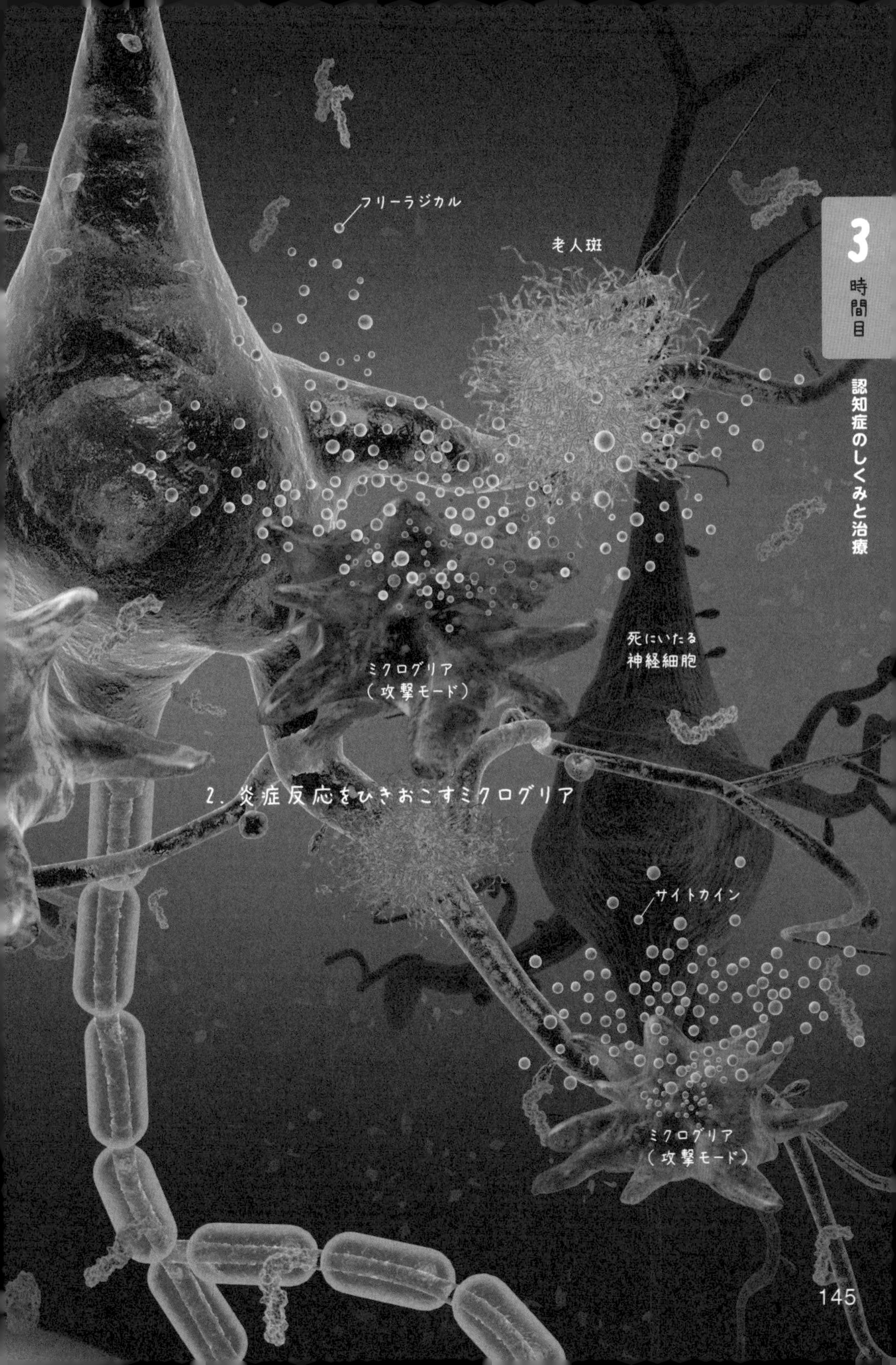

フリーラジカル

老人斑

死にいたる
神経細胞

ミクログリア
（攻撃モード）

2. 炎症反応をひきおこすミクログリア

サイトカイン

ミクログリア
（攻撃モード）

はい，そうです。

ミクログリアは通常，アミロイドβのようなゴミや，死んだ神経細胞を取り除く掃除屋としてはたらいています。

しかし，アミロイドβの濃度が異常に高まり，タウの凝集によってたくさんの神経細胞が傷害を受けたことを感知すると，ミクログリアは，脳が病原体から攻撃を受けているとみなし，"清掃モード"から"攻撃モード"に切りかわるのです。

こ，攻撃モード!?
するとどうなるんですか？

攻撃モードになったミクログリアは，周辺の細胞を破壊する**フリーラジカル**という物質を放出したり，炎症を引きおこすタンパク質である**サイトカイン**をつくりだしたりします。

この作用によって激しい炎症が引きおこされ，**大規模な細胞破壊**がもたらされると考えられています。

さらに，炎症反応によって引きおこされた神経細胞の死が，さらなる炎症を引きおこすという悪循環におちいるのです。

ミクログリアが暴走してしまうわけですね……。

もともと高齢者は，加齢によって弱い炎症反応が体のあちこちで常につづく状態になっています。これを**慢性炎症**といいます。

その結果，脳内でも免疫の異常がつづいてしまい，多数の神経細胞が死に至ることでアルツハイマー病の症状が悪化すると考えられています。

そうなんだ……。

実際，マウスを用いた研究段階ですが，ミクログリアの活動をおさえる薬物を投与することで，認知症の症状を軽減させることに成功した，という結果も報告されています。

アルツハイマー病の原因となる遺伝子変異

多くのアルツハイマー病は，主に65歳以上で発症する**晩期型**です。しかし，65歳よりも前に発症する**早発型**のアルツハイマー病もあります。
早発型アルツハイマー病の多くは，**30代から50代**で発症するのが特徴です。

働き盛りのころに発症するなんて，つらいですね。
アルツハイマー病は，加齢によって脳のごみが排出されなくなるからおきるんでしたよね。
なぜそんなに若いころから，アルツハイマー病になるんですか？

実は，早発型アルツハイマー病の多くには，**先天的な遺伝子変異**がかかわっていると考えられています。

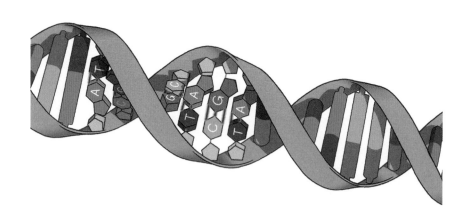

 ## 遺伝子変異？

 はい。早発型の原因となる遺伝子は，いくつか知られています。
まず一つ目は，**アミロイド前駆体タンパク質（APP）の遺伝子**です。

 APP ってどこかで聞いたような……。

APPは，アミロイドβの元となるタンパク質でしたね。アミロイドβは，APPから切りだされてつくられます。このAPPをつくる遺伝子が，早発型のアルツハイマー病の発症リスクと関係していることが報告されています。

APPの遺伝子変異でなぜアルツハイマー病になりやすくなるんでしょうか？

実は脳に蓄積するアミロイドβには主に，**アミロイドβ40とアミロイドβ42**という二種類があります。アミロイドβ42は，APPからの切断箇所がアミロイドβ40とは微妙にことなり，アミロイドβ40よりも一端が少しだけ長くなっています。
そしてこのアミロイドβ42は，アミロイドβ40よりも脳に**蓄積・凝集しやすい**，という特徴をもっているんです。

ほぉ！

APPに特定の遺伝子変異があると，アミロイドβ40よりもアミロイドβ42ができやすくなるようです。
そのため，この変異をもっていると，早くにアルツハイマー病を発症しやすくなると考えられています。

蓄積しやすいアミロイドβができてしまうんですね。

そういうことです。

ほかにも，**プレセニリン１**（PSEN1）の遺伝子と**プレセニリン２**（PSEN2）の遺伝子も早発型アルツハイマー病の原因となります。

ぷれせ……？

プレセニリンとは，APPからアミロイドβを切りだすはさみの役割をする**γセクレターゼ**という酵素を構成するタンパク質です。

ははあ，APPを切る酵素をつくる遺伝子ですね。

そうです。これらのはさみの遺伝子に変異が入った場合もやはり，蓄積・凝集しやすいアミロイドβ42がつくられやすくなります。その結果，アミロイドβの蓄積が増えて，早ければ30代でアルツハイマー病を発症することになるのです。

早発型のアルツハイマー病はどれくらい見られるものなんですか？

早発型アルツハイマー病は，アルツハイマー病全体の**１％以下**です。
残りの99％の晩期型アルツハイマー病は，これら三つの遺伝子変異とは関係がありません。

では，大部分の晩期型のアルツハイマー病には遺伝子は関係ないわけですか？

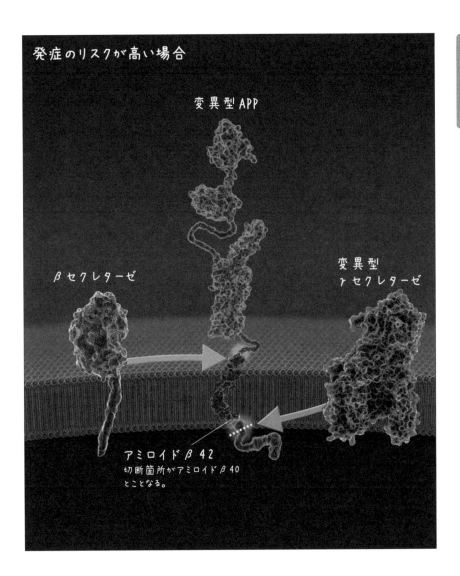

発症のリスクが高い場合

変異型APP

βセクレターゼ

変異型
γセクレターゼ

アミロイドβ42
切断箇所がアミロイドβ40
とことなる。

いえいえ，晩期型アルツハイマー病の中にも，発症のリスクを高める**遺伝子**があることがわかっています。その中の一つが，**アポリポタンパク質E（ApoE）**というタンパク質の遺伝子です。通称アポイーです。

あぽいー？

ApoEは，**リポタンパク質**という物質を構成するタンパク質です。リポタンパク質は脳の中などで物質の輸送にかかわっており，脳内のアミロイドβを排出するはたらきをもっています。

そのApoEをつくる遺伝子がアルツハイマー病と関係しているんですか？

そうです。
ApoEの遺伝子は，人によって若干ことなり，ApoE2，ApoE3，ApoE4の三つの型があります。
その中の**ApoE4**という遺伝子型をもつ人はアミロイドβの排出能力が低く，60代でアルツハイマー病を発症するリスクが高まることが知られているんです。

ええー！
アルツハイマー病の発症リスクが上がる!?

ApoE4とアルツハイマー病との関連について，ボストン大学のファーラー博士らによって行われた大規模な調査結果があります。

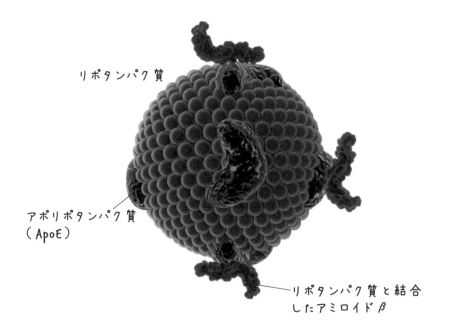

リポタンパク質

アポリポタンパク質
（ApoE）

リポタンパク質と結合
したアミロイドβ

 対象となったのは，臨床現場や地域社会，脳バンクなどから集められた，アルツハイマー病の可能性が高い人やアルツハイマー病患者5390名と，認知症の症状がない8607名です。

 どういう結果が出たんでしょうか？

 まず，1661人の日本人のApoE遺伝子を調べたところ，**約7割**の人が **ApoE3** 遺伝子を二つもっているということがわかりました（人間の遺伝子は，対になっているので，同じ遺伝子を二つもっています）。

過半数の人はApoE4はもっていないのですね。

ええ。
ファーラー博士は，このApoE3遺伝子を二つもっている
人を基準として，ほかの遺伝子型をもっている人はどれ
だけアルツハイマー病にかかりやすいかをオッズ比で調
べました。
すると，片方がApoE3の遺伝子で一方がApoE4の遺伝
子の場合は5.6倍，さらにApoE4遺伝子を二つもって
いる人は33.1倍もアルツハイマー病にかかりやすいこ
とがわかりました。

 ## 33.1倍も!?
ずいぶん高くなるんですね。

そうなんです。
最近では，アルツハイマー病のリスクを知るために，
ApoEの遺伝子検査を行う病院や企業もあるようです。

知りたいような，知りたくないような……。

現在では，ApoE以外にも，免疫系などにかかわるいろ
んな遺伝子がアルツハイマー病の発症に関与しているこ
とがわかってきています。

アルツハイマー病に関連する遺伝子

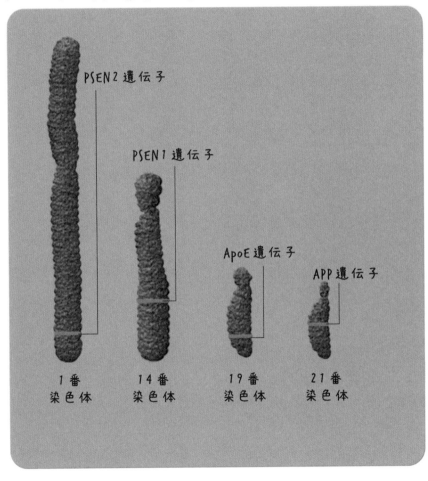

PSEN2 遺伝子

PSEN1 遺伝子

ApoE 遺伝子

APP 遺伝子

1番
染色体

14番
染色体

19番
染色体

21番
染色体

また，早発型アルツハイマー病の患者の協力を得ることで，発症前から脳内の変化を追ったり，治験薬の早期投与を行ったりすることができるようになり，アルツハイマー病の原因追究や，新薬をつくりだすことが進められています。

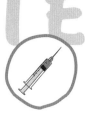

STEP 2 アルツハイマー病の診断と治療に挑む

患者の人口が増加しているアルツハイマー病は,何より早期発見・早期治療が大切です。ここでは最新の診断方法や,治療に関する新薬を紹介します。

脳内のゴミの蓄積を画像化して徴候をつかむ

アルツハイマー病は,発症する10～20年も前から,その原因となる老廃物のアミロイド β が脳内に蓄積しはじめるんですよね。
もの忘れが多くなってきたときには,すでにかなり進行しているってことなんですよね。

はい,その通りです。

症状が出る前に,アルツハイマー病の進行を知ることができれば,何かしら対策ができそうな気がするんですけど……。

そうですね。
自覚症状がない時期からアルツハイマー病の兆候をつかんで,早期介入をすれば,アルツハイマー病の進行を遅らせることができます。

ですから，早い段階でアミロイドβの蓄積を知ることは重要です。

実際に自覚症状がない段階で，アミロイドβが脳に蓄積していることを，どうにか知ることはできないんでしょうか？

脳にアミロイドβが蓄積しているかどうかを調べるには，従来は，脳脊髄液を調べるしかありませんでした。

のうせきずいえき？

脳脊髄液というのは，脳の周囲や脊髄の中心を満たしている液体です。注射器で，この液体を背骨の近くから採取して調べるのです。

何だかすごく痛そうだし，大変そうですね……。

ええ。まさにその通りで，手軽な方法とはいえませんでした。
しかし近年，もっと手軽な診断法が開発されました。それが，陽電子放射断層撮影（Positron Emission Tomography）を用いたアミロイドPETです。

ぺっと？
イヌとかネコとか？

 そのペットじゃありません。
PETとは，放射線を出す検査薬を注射し，その薬が発する放射線を外側から検出して，体内を画像化する手法です。

 放射線!?　それってヤバくないんですか？

 人体に悪い影響が出ない程度の放射線なので，大丈夫ですよ。
アミロイドPETでは検査薬に，アミロイドβにくっつきやすい化合物を使います。
放射性を示す元素を使ってこの化合物をつくり，これを投与することで，アミロイドβだけに目印をつけることができるんです。

その結果，脳のどの部位に，どれだけの量のアミロイドβが蓄積しているのかを知ることができるようになりました。

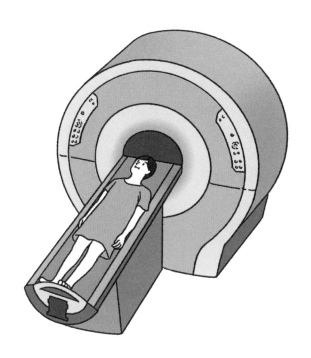

 アミロイドβにくっつきやすい物質なんてものがあるんですね。

 ええ。
2000年代のはじめ，アメリカ・ピッツバーグ大学で開発されたPIBとよばれる化合物は非常に感度がよく，アミロイドβだけに集まる性質があります。

このため現在では，このPIBを改良した化合物が，脳のアミロイドβ蓄積量を診断薬するために用いられています。

これで，脳脊髄液を採らなくても，自分の脳を"見る"ことでアミロイドβの蓄積を知ることができるんですね。

ええ，その通りです。
さらに最近では，タウの蓄積を観察する**タウPET**も開発されています。
これにより，アミロイドβの蓄積だけでなく，タウの蓄積の度合いも観察することができるようになりました。

タウも！

はい。
早期診断という点ではアミロイドβのほうが早いことがわかっていますので，タウPETはむしろ病期の進行の判断に重要と考えられており，アルツハイマー病の進行度の診断に，より役立つといわれています。

ふむふむ，なるほど。

さらに，これらの技術は研究への利用でも期待されています。
なぜアミロイドβとタウの蓄積場所が違うのか，アミロイドβがどのようにしてタウの蓄積を引きおこしているのかなど，アルツハイマー病には，まだわかっていないことが多くあります。

こうした謎を解くため，アミロイドPETとタウPETを併用すれば，さらにアルツハイマー病の研究が進展するだろうと考えられているのです。

血液検査でアルツハイマー病の早期発見が可能になる？

PETのほかにも，アルツハイマー病の早期診断を可能にするさまざまな手法の開発が進められています。
たとえば今，アルツハイマー病の**バイオマーカー**の探索が精力的につづけられているんです。

バイオマーカー？　なんです，それ？

バイオマーカーとは，病気の進行度合いに応じて，生体内に含まれる量が変化する物質のことです。
糖尿病の治療を例にしてお話ししましょう。

お願いします。

初期の糖尿病には自覚症状がありませんが，放置しておくと，糖尿病性網膜症によって失明したり，四肢が壊死したりと，重篤な症状があらわれます。

糖尿病ってこわい病気なんですね。

はい。そこで，進行状態を知るために，採血で血液内の
グルコースの濃度（血糖値）を測定し，毎月の治療方針の
材料にしているんです。
このように，糖尿病の場合は**血糖値**がバイオマーカーな
んです。

採血なら，手軽にできますね。

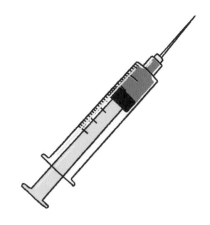

そうなんです。
糖尿病のように，**採血でアルツハイマー病の進行の度合
いを診断することができれば，もの忘れなどの自覚症状
がない段階から，進行を食い止めるための処置を行うこ
とが可能になります。**

アルツハイマー病のバイオマーカーって，どんなものが
あるんですか？

わかりやすいものでいうと，血液中の**アミロイドβ**や，**タウ**がバイオマーカーとなりえます。
実際にこれらをバイオマーカーとした検査法の開発が進められています。

なるほど。

たとえば，アミロイドβには，前に登場したアミロイドβ40とアミロイドβ42のように，ほんの少し長さがちがうために，蓄積のしやすさがことなるものが数種類あります。
血液中にこれらがどれくらいの比率で存在するかを調べることで，高い精度でアミロイドβの蓄積を診断できるのではないかと期待されています。

血液でアルツハイマー病の診断が可能になる時代も，そう遠くはなさそうですね。

はい！
ほかにもさまざまなバイオマーカーが研究されています。
たとえば，アミロイドβを排除するはたらきをもつタンパク質などをバイオマーカーにするというものです。

アミロイドβを排出するタンパク質？

たとえば,アポリポタンパク質です。アポリポタンパク質は，アミロイドβの排出にかかわるリポタンパク質の構成要素です。STEP1で少しだけ登場しましたね。

健常者の脳内

健常者の脳内には、アミロイドβを排出することにかかわる「アポリポタンパク質」や「トランスサイレチン」、「補体」が多く存在するため、アミロイドβの脳内濃度は低く保たれる。また、血液中に含まれるこれら三つのタンパク質の濃度は高い状態になっている。

補体

ミクログリアがアミロイドβを取りこんで分解するのを助けるはたらきがある。

トランスサイレチン

アミロイドβと結合し、アミロイドβを脳の外に排出するはたらきをもつタンパク質。また、アミロイドβの毒性を弱めるはたらきもあると考えられている。

アポリポタンパク質

血液中には、アポリポタンパク質とトランスサイレチン、補体が高い濃度で含まれる。

アルツハイマー病患者の脳内

アルツハイマー病患者の脳内には、アミロイドβを排除することにかかわる「アポリポタンパク質」や、「トランスサイレチン」、「補体」があまり存在しないため、アミロイドβの脳内濃度が高くなり、老人斑などがつくられます。また、血液中に含まれるこれら3つのタンパク質の濃度は低い状態になっています。

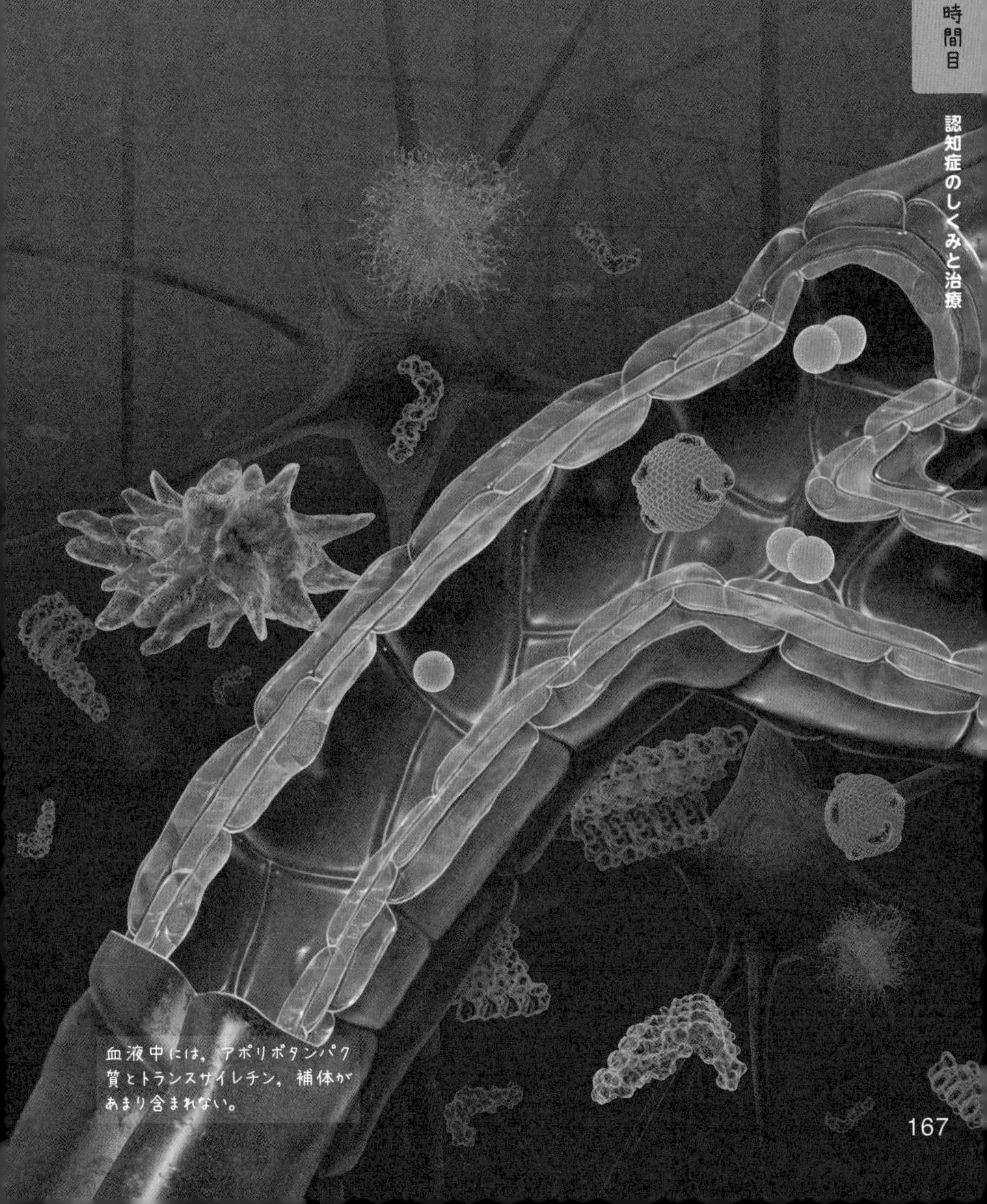

血液中には、アポリポタンパク質とトランスサイレチン、補体があまり含まれない。

167

また，「トランスサイレチン」や「補体」というアミロイドβの排除にかかわるタンパク質もあります。
このようなタンパク質の濃度が低い人ほど，認知機能が低下していることが示されているため，バイオマーカーの候補として研究が進められています。

リポタンパク質

さまざまな物質が認知症のバイオマーカーの候補になっているんですね。

はい。こうしたバイオマーカーの開発は，アルツハイマー病の早期発見だけでなく，創薬研究の速度をさらに高めることにもつながります。
優れたバイオマーカーの開発によって，アルツハイマー病の早期発見・早期治療が可能になれば，アルツハイマー病が不治の病でなくなる時代もそう遠くない将来，訪れるかもしれません。

アルツハイマー病の進行を遅らせた国産薬「アリセプト」

 早期診断・早期治療に役立つPETやバイオマーカーは，新しい薬の開発にもつながるということでしたが，実際にアルツハイマー病だと診断された場合，治療薬ってあるんでしょうか？

 残念ながら現在，アルツハイマー病を完全に治す薬はありません。
しかし，認知機能の低下をおさえる薬はすでに開発，販売されています。

 そうなんですね！
いったいどういう薬なんですか？

たとえば，神経伝達物質である**アセチルコリン**の分解を防ぐ薬です。
1970年代後半，アルツハイマー病の患者の脳内でアセチルコリンとよばれる神経伝達物質の量が**減少**していることがわかりました。
アセチルコリンは，脳内において記憶や学習などにかかわることが知られています。

ふむふむ。

この時代は，アミロイドβやタウのはたらきが解明されていませんでした。
ですからこのアセチルコリンの減少が，アルツハイマー病を引きおこす原因ではないかと考えられていたのです。

つまり，アセチルコリンを増やせばいいって考えられていたということですね。

その通りです。
一般的に神経細胞は，アセチルコリンのような神経伝達物質をシナプス間隙に放出することで，次の神経細胞に情報を伝えます。

はい，覚えています。
シナプスでは，化学物質を使った情報伝達が行われるんでした。

シナプス

アセチルコリン

ええ。
シナプスで送り手側の神経細胞から分泌されたアセチル
コリンは，受け手側の神経細胞にキャッチされて情報を
伝えれば，この段階でアセチルコリンの役割は終わりま
す。
しかし，このままではシナプス間隙にアセチルコリンが
残り，信号が伝わりつづけてしまうので，通常，**コリン
エステラーゼ**という分解酵素が，アセチルコリンを分
解しています。

いらなくなったアセチルコリンの掃除役がいるわけです
ね。

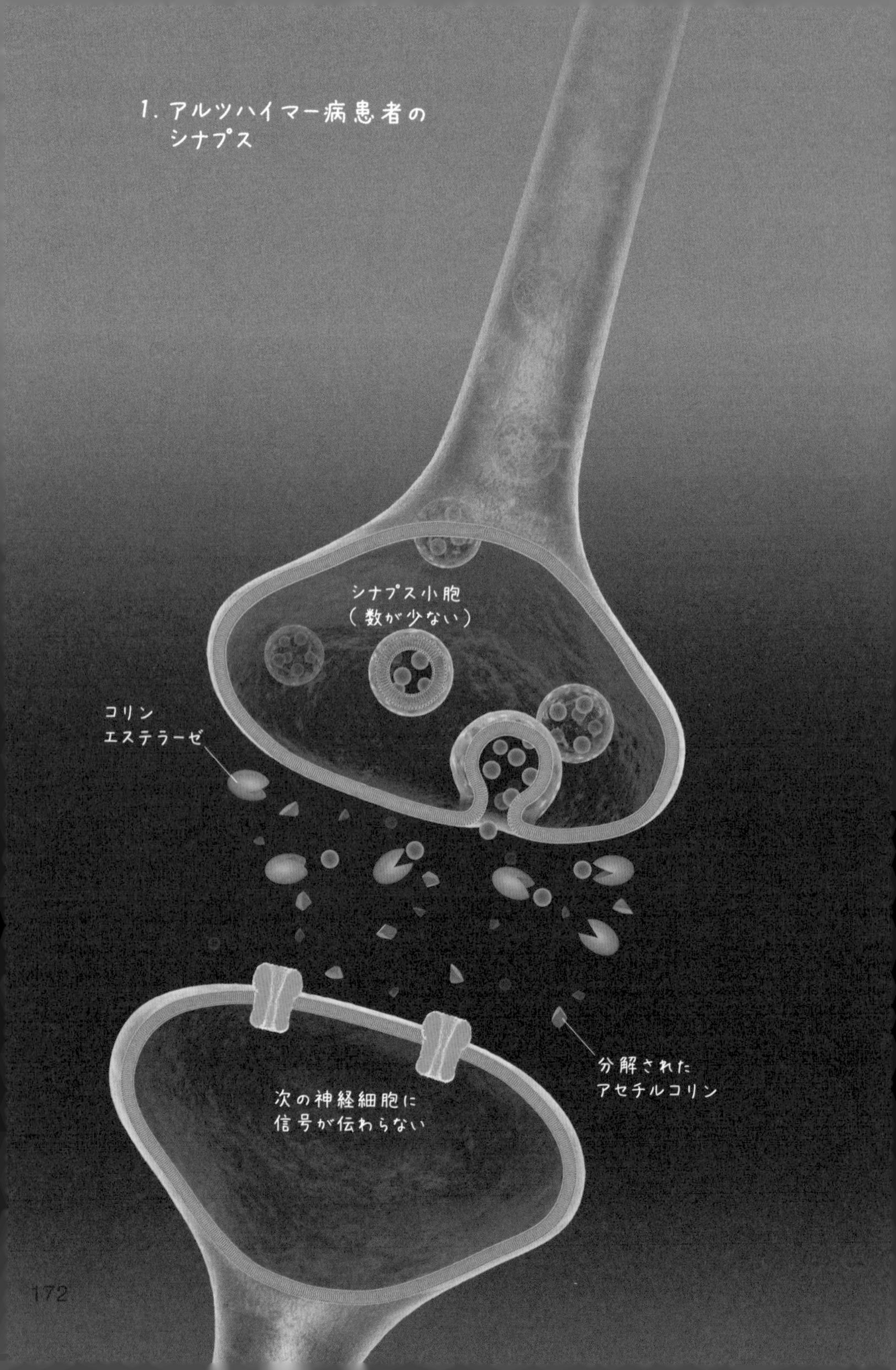

1. アルツハイマー病患者の
シナプス

シナプス小胞
（数が少ない）

コリン
エステラーゼ

分解された
アセチルコリン

次の神経細胞に
信号が伝わらない

2. ドネペジルを服用した際の
シナプス

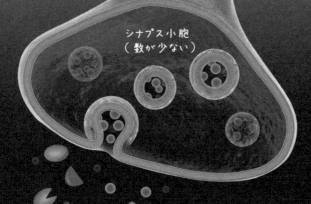

シナプス小胞
（数が少ない）

ドネペジル

ドネペジルが
結合すること
によって、はた
らかなくなった
コリンエステラ
ーゼ

次の神経細胞に
信号が伝わる

ええ。
さて，アセチルコリンが減少しているアルツハイマー病患者の脳内では，分泌されるアセチルコリンが少なくなっているため，情報伝達に支障が生じます。
そこで，日本の製薬企業エーザイは，アセチルコリンを分解するコリンエステラーゼのはたらきを弱める薬の開発を進めました。

なるほど！　コリンエステラーゼにアセチルコリンを分解させないようにするってことですね。

そうです。
この読みは当たり，コリンエステラーゼを阻害する化合物は，「ドネペジル(商品名：アリセプト®)」として，認知症に対する世界ではじめての薬となりました。

すごい！

すごいでしょう。ドネペジルは，アルツハイマー病の進行を9か月から1年程度，遅らせることができるといわれています。
しかし，ドネペジルを用いた治療はアルツハイマー病の症状の進行を遅らせる**対症療法**にすぎません。
神経細胞の死を抑えることができるわけではないので，根本的な治療薬にはなり得ないのです。

脳のゴミを攻撃する抗体医薬

先生，どうにか神経細胞の死を防いで，アルツハイマー病を根本から治す薬ってできないものでしょうか？

まさに今，多くの研究者がアルツハイマー病の根治薬の研究に挑んでいるんですよ。
アルツハイマー病を治すには，その原因だと考えられているアミロイドβやタウの蓄積・凝集を防がなくてはなりません。
そうして考えられる手法の一つが，**抗アミロイドβ抗体**を使った薬です。

抗体って，たしか免疫に関係するものでしたよね？

そうです。**抗体とは，外からやって来る病原体やウイルス，あるいは体内の異物を排除する免疫システムにかかわるタンパク質のことです。**
抗体は特定の相手（抗原）にだけ結合することができます。

ふむふむ。
抗体は，コロナが流行したときに，ワクチンの話でよく聞いたワードです。

 抗体は，標的となるタンパク質ごとに種類がちがっていて，正確に結合するべき相手を認識することができます。そのため，アミロイドβを標的とする抗アミロイドβ抗体を投与すると，この抗体は，脳内にあるアミロイドβや老人斑に集まるのです。

 へぇ〜！ 集まると，どうなるんですか？

 抗体が集まると，そこに脳の掃除係であるミクログリアが集まってきます。つまり抗アミロイドβ抗体の投与は，ミクログリアをよび寄せるための目印になるんです。

集まってきたミクログリアは抗体を認識して，アミロイドβを"食べ"ます。
その結果，脳内のアミロイドβ濃度を下げることができ，アルツハイマー病の症状を軽減できるのではないかと考えられるわけです。

すごいですね！
実際にこれでアルツハイマー病の治療に光が見えてきそうですね。

ええ。
そこで複数の製薬企業が，抗アミロイドβ抗体薬の開発に取り組みました。
2015年には，アメリカの製薬企業イーライリリー社が，抗アミロイドβ抗体ソラネズマブを開発し，初期のアルツハイマー病の患者を対象とした臨床試験（治験）で，病気の進行速度を遅らせることに成功したと発表しました。アルツハイマー病を治療できる可能性が示されたわけですから，大きな期待を集めました。

おお！
開発はうまくいったんでしょうか？

いいえ，残念ながら次の段階の臨床試験において，最終的には薬効が認められず，**開発は断念**されました。
そのほかの多くの薬も，アルツハイマー病に対して明確な治療効果が見られず，相次いで**開発中止**においやられました。

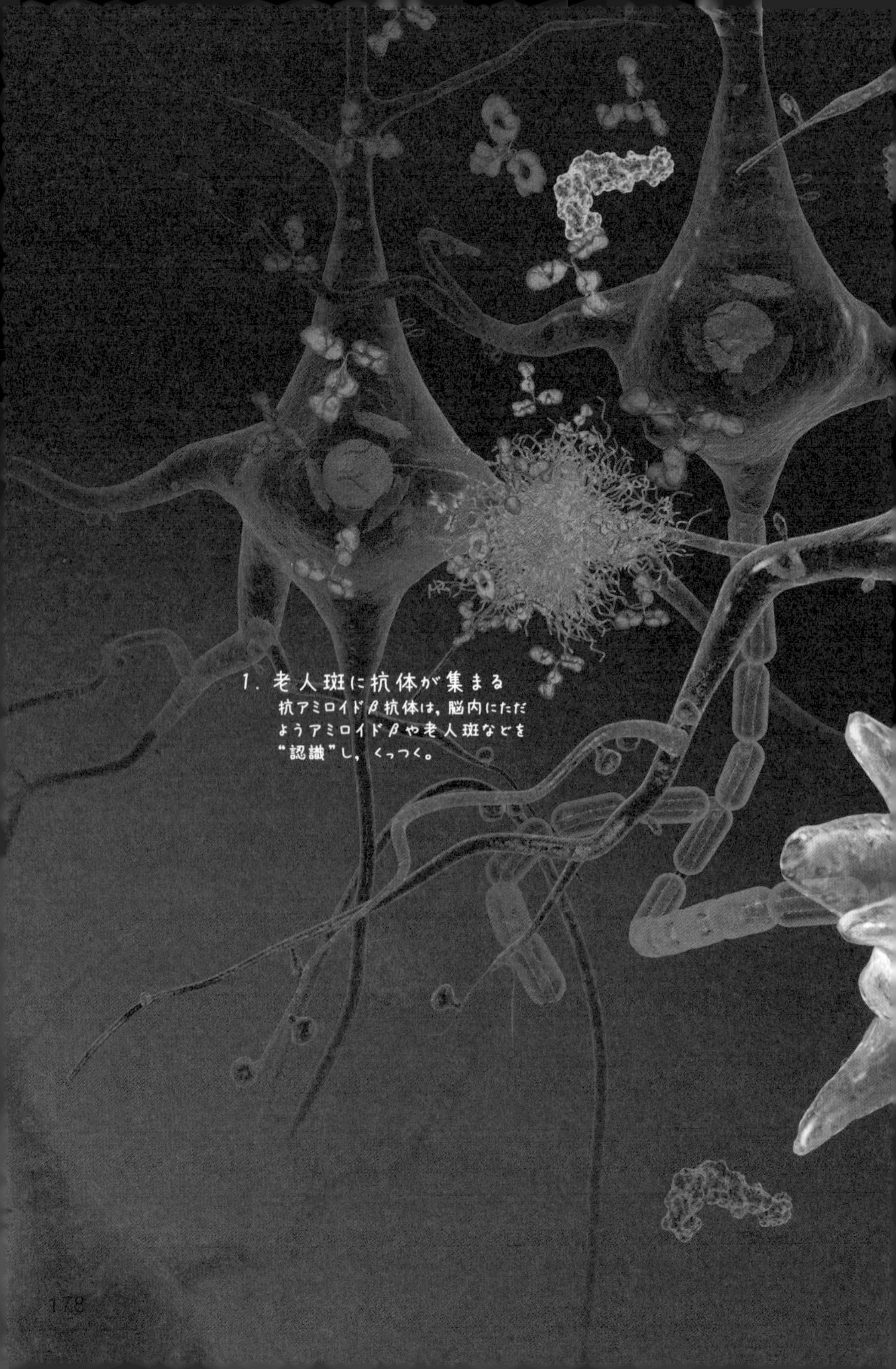

1. 老人斑に抗体が集まる
抗アミロイドβ抗体は，脳内にただ
ようアミロイドβや老人斑などを
"認識"し，くっつく。

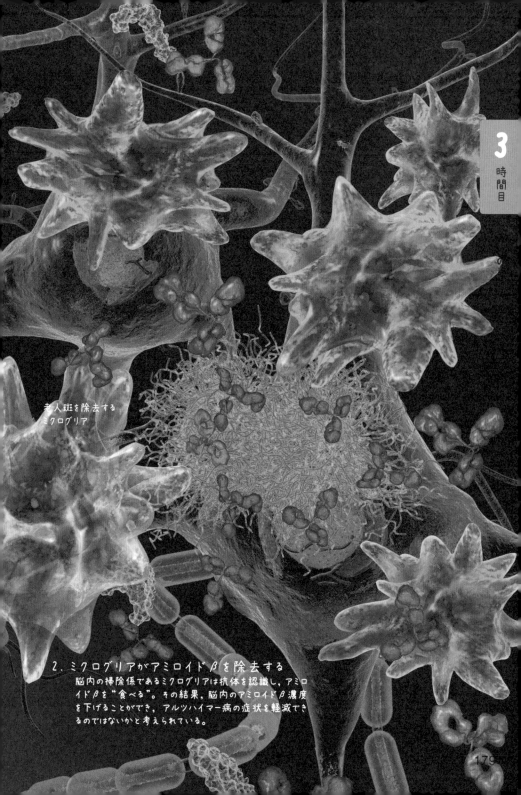

老人斑を除去する
ミクログリア

2. ミクログリアがアミロイドβを除去する
　脳内の掃除係であるミクログリアは抗体を認識し，アミロ
　イドβを"食べる"。その結果，脳内のアミロイドβ濃度
　を下げることができ，アルツハイマー病の症状を軽減でき
　るのではないかと考えられている。

179

うぅむ。
失敗ばかりだったんですね。

そうなんです。
しかし，そうした中，2021年にようやく**アデュカヌ
マブ**という抗アミロイドβ抗体薬がアルツハイマー病の
治療薬として効果が認められ，アメリカではじめて迅速
承認されました。また，2023年1月には**レカネマブ**と
いう抗アミロイドβ抗体薬も迅速承認され，さらにその
後，2023年7月についに正式承認されました。

世界ではじめて承認された抗体医薬「アデュカヌマブ」

その，あ，あでかむまぶ……はどのような薬なのでしょ
うか？

アデュカヌマブ，ですね。
2021年6月にアメリカで迅速承認されたアデュカヌマブ
は，**凝集したアミロイドβ**に結合する抗体医薬です。
2015年に開発されたソラネズマブとはことなる特徴があ
ります。

どんな特徴なんですか？

ソラネズマブは，溶解している単独のアミロイドβに結
合し，老人斑（アミロイドβプラーク）の形成を抑制する
と考えられていました。

これに対し，**アデュカヌマブは大きなかたまりのアミロイドβ，つまり老人斑そのものに結合するはたらきがあります。** したがって，より効率的に老人斑を減少できると考えられるんです。

なるほど。ガンコな汚れをおとします！　みたいな感じですね。

アデュカヌマブの臨床試験の結果，脳内のアミロイドβプラークが減少し，認知機能低下への抑制効果が見られたのです。

おお！
やりましたね。

そこで開発を行っていたバイオジェン社とエーザイ社は，2020年7月にアメリカ食品医薬品局（FDA）に対し，アデュカヌマブをアルツハイマー病の治療薬候補として生物製剤ライセンスの申請を行いました。

それで，承認されたんですか？

臨床試験結果の解釈に疑問を抱く専門家も多く，承認審査ではさまざまな議論がありました。
しかし，2021年6月にFDAは臨床効果が一部にあるということで，アデュカヌマブを条件付きで承認したのです。

3
時間目

認知症のしくみと治療

条件付きで承認？

 条件付き承認とは，FDAの迅速承認プログラムとよばれるしくみにおいてなされる承認です。

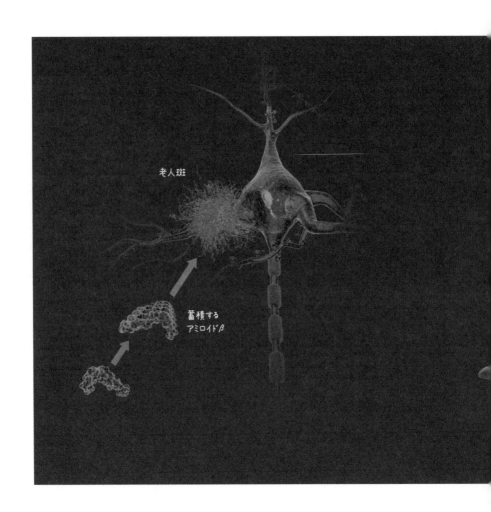

老人斑

蓄積する
アミロイドβ

有効な治療法が存在せず，かつ重篤な疾患に対する新薬の候補について，**治療効果を予測できる客観的指標を満たすことができれば，臨床的に有効なデータが揃う前に前倒しで承認するというものです。**

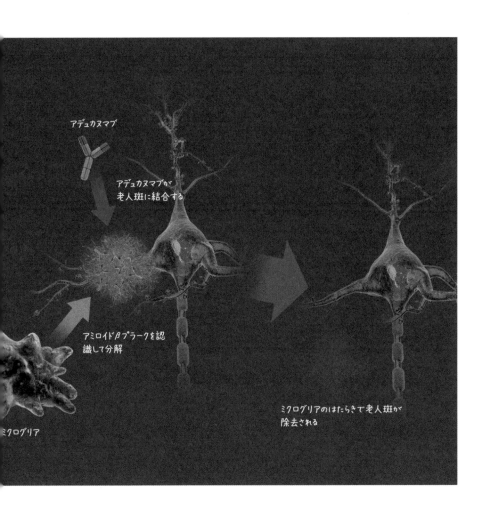

アデュカヌマブ

アデュカヌマブが
老人斑に結合する

アミロイドβプラークを認
識して分解

ミクログリア

ミクログリアのはたらきで老人斑が
除去される

ふむふむ。

 アデュカヌマブの効果については，現在でも議論がつづいており，臨床試験が継続中です。
また，2021年12月には，日本の厚生労働省でもアデュカヌマブの承認を見送り，継続審査することに決定しています。

 まだ，アデュカヌマブの効果については，未知数なところがあるんですね。

 ええ。
また，臨床試験では副作用も認められました。アデュカマブを高用量で投与すると，一部の被験者にARIA（Amyloid Related Imaging Abnormalities）とよばれる脳浮腫などの副作用が認められたのです。投与量やどのような患者に投与すべきか，などといった検証が今後もつづけられるでしょう。

アミロイドβが集まりはじめるのをおさえる「レカネマブ」

もう一つ，アルツハイマー病に関する抗体医薬品レカネマブについてもふれておきましょう。

こちらも舌を噛みそうな名前ですね。
どういう薬なんでしょうか？

レカネマブは，スウェーデンのランフェルド博士が開発した抗体です。アミロイドβが集まりはじめた，初期の凝集体（プロトフィブリル）を標的とする抗体として，作製されました。
そして非臨床試験や臨床試験では，アデュカヌマブ同様に老人斑アミロイドの除去に効力を発揮しました。

その……レカネマブは，承認されているんですか？　今までのケースからすると，ダメなのかなって……。

2022年9月末，レカネマブが臨床試験（第3相試験）で認知機能低下抑制に統計学的に有意な効果が確認されたことが発表されました。
レカネマブの投与をつづけたグループは，偽薬を投与したグループにくらべて，およそ27%も認知機能の悪化が抑制されたというのです。実際にPETでも，アミロイドβが減少していることがわかりました。

また，軽度認知障害（MCI）から軽度のアルツハイマー病を発症するまでの期間，そしてMCIから中等度アルツハイマー病を発症するまでの期間を遅らせることができることも推測されました。

ちゃんと効果が見られたんですね！

ええ。それから，電話をかけられる，支払いができるなどの生活機能の指標でも，偽薬を投与したグループと比べ，認知機能の悪化が抑制されたのです。

すごいですね。

これらを受けて，FDAは2023年1月にレカネマブを迅速承認し，さらに2023年7月に正式承認しました。
アルツハイマー病の原因にはたらきかけて進行をおさえる薬が正式承認されたのは，はじめてのことです。
ただし，やはり，レカネマブでも副作用の問題が報告されています。一部の被験者にARIAが発生したのです。

それって，前にお話があった脳の浮腫のことですか？

はい。このARIAには二つのタイプがあり，一つはARIA-Eと呼ばれています。
アミロイドβは脳血管にもたまるため，アミロイドβが除去される過程で血管が脆弱化し，血液の成分が外にもれて，むくみが出るという状態がARIA-Eです。

ふむふむ。

これが治療開始から3か月から6か月以内に発症しやすく、レカネマブを投与した人の**12.6％に発生**しました。
ただし、偽薬を投与した人でも1.7％発生しています。ちなみに、**ApoE4型**という遺伝子を2つもつ人は**32.6％発生**しました。

結構発生しているんですね。もう一つのタイプはどうなんでしょう？

もう一つは**ARIA-H**というのですが、これは**アミロイドβがたまった脳の血管から、小さな出血がおきるという症状があります。**

なるほど。

ARIA-Hはレカネマブの投与した人の**17.3％**で発生していますが、偽薬を投与した人でも9.0％発生しました。なお、ApoE4型の遺伝子を2つもつ人は**39％**も発生しています。
こうした副作用は、抗体医薬の治療では一定数発生すると考えられているのです。

うぅ〜ん、副作用の問題、どうにか乗り越えてほしいですね。

根治に向け，続々と新薬の開発が進む

 抗体を使った医薬品はなかなか失敗が多かったようですね。いったいどうしてなんでしょう？

 抗体治療が認知機能の回復に効果をあらわさない原因は，いろいろ考えられますが，その一つに**抗体がタンパク質である**ということがあげられています。

 え!? タンパク質じゃダメなんですか？

 実は脳の血管には，**血液脳関門**とよばれる**特殊な壁**があります。これは，**血液中から脳に必要な物質だけが取りこまれ，ほかの物質は通さないというしくみなんです。**

脳の毛細血管

グリア細胞

脳以外の毛細血管

 へぇ，脳に入る前に置かれた**関所**みたいなものですね。

188

そうですね。

タンパク質である抗体は，血液脳関門をほとんど通過できず，そのため十分な薬効を示さないのではないか，という仮説が立てられているのです。

そのため，抗体医薬を脳に届けるためのさまざまな工夫が研究されています。

な〜るほど。じゃあ，タンパク質を使わない方法はどうです？

鋭いご指摘です！

実は，**抗体医薬とはことなるアプローチによる創薬研究も行われているんです。**

たとえば，脳内のアミロイドβ濃度を下げるため，APPからアミロイドβを切りだすはたらきをもつβセクレターゼを阻害する方法があります。

βセクレターゼって，例の**はさみ**ですね。これは期待できそう！

しかしこの方法も，臨床試験の最終段階にあったものが，開発中止になるという状況が続いています。

あららら……。これもダメ，かぁ〜。

ほかにはアミロイドβの分解を促進する，という方法もあります。

さまざまなタンパク質を
ターゲットとした創薬研究

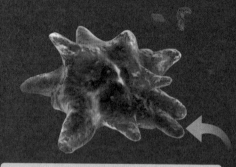

ミクログリア機能調整薬

ミクログリアの細胞膜に存在する「TREM2」という
タンパク質を刺激すると、アミロイドβを"食べる"
能力が活性化される一方で、炎症をひきおこすサ
イトカインの合成はおさえられることが判明。この
ことから、TREM2 を刺激することで、ミクログリア
の暴走を防げるのではないかと考えられている。

βセクレターゼ阻害薬

APP を切断し、アミロイドβをつくりだす
酵素である β セクレターゼのはたらきを
阻害し、アミロイドβ がつくられる量を
減らすことができると考えられている。

ソマトスタチン受容体
刺激薬

ソマトスタチンは，主に視床下部
から分泌されるホルモン。ソマト
スタチンが受容体に結合すること
で，ネプリライシンのはたらきが強
まるため，この受容体を刺激する
ことで，脳内のアミロイド濃度を
低下させられると考えられている。

ネプリライシン刺激薬

ネプリライシンはシナプスの細胞膜に存
在するタンパク質で，アミロイドを分解
するはたらきがある。このタンパク質を
刺激することで，アミロイドの分解を促
進することができると考えられている。

ソマトスタチン

ソマトスタチン
受容体

活性化

ネプリライシン

GSK-3β

リン酸化酵素阻害薬

タウの凝集は，タウが「GSK-3β」とよばれるリン酸
化酵素などによって過剰にリン酸化されることでひき
おこされる可能性が示されている。そのため，このリ
ン酸化酵素のはたらきをおさえることで，タウの凝集
を防ぐことができるのではないかと考えられている。

タウ凝集阻害薬

微小管から離れたタウは凝集し，ニューロ
ン内に蓄積していく。この凝集を防ぐこと
で，ニューロンの細胞死を防げるのではない
かと考えられている。

191

アミロイドβがどのように分解されるのかは長らく謎でしたが，ネプリライシンとよばれるタンパク質分解酵素が，アミロイドβを分解していることが近年明らかになりました。

そうなんですね！

ですから，ネプリライシンを活性化する物質や，ネプリライシンを活性化する酵素を活性化する物質などが新薬候補として考えられます。

なるほど！

そのほかにも，タウの凝集を防ぎ，神経原線維変化をおさえる化合物や，ミクログリアによる炎症反応の暴走をおさえる化合物など，さまざまな新薬の研究が進められています。
まだまだ道半ばですが，今まさにアルツハイマー病包囲網が構築されている段階といってよいでしょう。

STEP 3

レビー小体型認知症と脳血管性認知症

認知症には，アルツハイマー病のほかにもいくつかのタイプがあります。そのうち患者数の多い，レビー小体型認知症と脳血管性認知症についてせまってみましょう。

男性のほうが2倍発症しやすい, レビー小体型認知症

認知症には，アルツハイマー病以外にも種類があるって本当ですか？

はい。認知症の原因はいくつかあります。
日本でとくに患者数の多い**3大認知症**とよばれる認知症があります。**それが，アルツハイマー病，レビー小体型認知症，脳血管性認知症です。**
ここからは，まず，**レビー小体型認知症**について見ていきましょう。このタイプの認知症は，なんと**女性よりも男性のほうが2倍発症しやすい**という特徴があるんです。

ええ!?
発症率が2倍も違うなんて，なにか理由はあるんでしょうか？

認知症の分類と、その割合

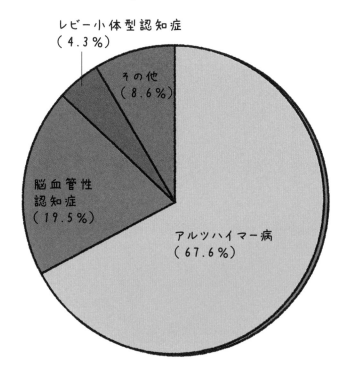

レビー小体型認知症
（4.3％）

その他
（8.6％）

脳血管性
認知症
（19.5％）

アルツハイマー病
（67.6％）

 現時点では，まだわかっていません。

 そうなんだ……。具体的にはどんな病気なんですか？

 脳の広い範囲に**レビー小体**という異常なタンパク質が
たまり，神経細胞が機能しなくなったり，死んでしまっ
たりして発症する病気です。

記憶障害や幻覚，手足のふるえといった症状があらわれます。

1990年代後半から知られるようになった進行性の病気なのですが，**いまだにはっきりとした原因はわかっていないんです。**

レビー小体？

もとは，神経伝達物質の放出に関与すると考えられている**αシヌクレイン**というタンパク質です。

それが神経細胞やシナプスに多量に蓄積して，レビー小体ができます。しかし，なにが原因で蓄積するのかはよくわかっていません。

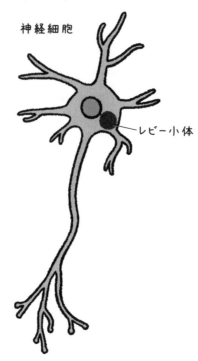

神経細胞

レビー小体

196

ポイント！

レビー小体型認知症
　レビー小体という異常なタンパク質がたまり，神経細胞が機能しなくなったり，死んでしまったりして発症する病気。

 アルツハイマー病とも少し似ていますね。

 そうですね。タンパク質の種類はちがいますが，脳のゴミが蓄積して発症するという点は同様です。
レビー小体型の認知症は，**発症するとほかの認知症に比べて早く進行してしまいます。**

 こわい病気ですね。
どんな症状が見られるんでしょうか？

 レビー小体型認知症では，記憶障害や理解力の低下などが初期段階からみられます。
しかし，日によって認知機能がよくなったり，悪くなったりと，症状にムラがあります。これを認知機能の変動といいます。

また，認知症と聞くともの忘れを想像する人も多いと思いますが，**レビー小体型認知症の場合は必ずしも，もの忘れがおきるとは限りません。**

そうなんですか!?

レビー小体型認知症の特徴的な症状には**幻覚**があります。実際は存在しないものが見える**幻視**や聞こえないはずの音が聞こえる**幻聴**をレビー小体型認知症の人はよく経験するのです。

また，患者さんの半数近くに**抑うつ症状**がでているという報告もあります。

つらいですね……。

それから，レビー小体型認知症は，**レム睡眠行動障害**という症状がみられるのも特徴です。

レム睡眠行動障害？

睡眠中に夢を見て突然大きな声で叫ぶ，手足をばたつかせて暴れるといった異常な行動がみられるのです。
この行動は眠りが浅いレム睡眠のときに起こるため，レム睡眠行動障害と呼ばれています。
人によっては**レビー小体型認知症を発病する何年も前から症状がでるので，睡眠時のおかしな行動の有無は，診断にあたりとても重要**です。

そんなつらい病気，進行する前に気づく手段はないんでしょうか？

そうですね。今お話ししたレム睡眠行動障害をはじめ，次の症状がみられたら，早めに医療機関を受診したほうがいいでしょう。

 身近な人に思い当たることがあれば，早めに病院で調べてもらうようにします。

手足がふるえ，転びやすくなることも

レビー小体型認知症には，さまざまな運動障害が現れることもあります。その一つが**パーキンソン症状**です。

パーキンソン症状!?

動きが遅くなる，筋肉・関節が固くなる，表情が乏しくなる，小さな声でボソボソと話す，転倒しやすくなるといった特有の症状のことです。
これらはパーキンソン病でもみられるため，このようによばれています。

なぜ運動障害が見られるのでしょうか？

レビー小体型認知症では，神経細胞がこわれるために，ドーパミンやアセチルコリンといった**神経伝達物質**の分泌が大きく減少してしまいます。

神経伝達物質は，脳の情報を伝達するために不可欠なものですから，脳からの指令が筋肉にうまく伝わらなくなるのだと考えられています。

運動障害は生活に大きく支障をきたしそうですね。

そうですね。
症状がではじめると，**段差のない平らな床面でもつまずく**といった不具合があらわれます。
さらに**すり足**になる，**歩幅が小さく**なる，**前かがみ**になる，**歩きだすと簡単に止まれない**などの症状もでてきます。
そのため転びやすく，しかも反射的に体を支える能力がおとろえているため，**些細なつまずきで大けがをし，寝たきりになってしまう例もあるんです。**

そんな……！

 椅子からの立ちあがりや階段の上り下りは，特に注意が必要です。

 何かできることはないんでしょうか？

 パーキンソン症状が見られたら，**カーペットや敷居など，家の中のちょっとした段差をできるだけ取り除く**など，住環境をみなおすことが大切です。
また，パーキンソン症状のある人には，**後ろから声をかけない**ようにしましょう。振り向きざまにバランスをくずし，転倒するおそれがあるからです。

 本人の負担を少しでも減らせるように，周りの人ができることはいろいろあるんですね。

 そうですね。
また，先ほども説明したように，幻覚もレビー小体型認知症の特徴的な症状です。
そこに存在しない人やものが，本人には生々しく見えます。そのため大声で助けを求めたり，実際に警察に通報したりすることもあるんです。
幻覚がきっかけで，知らない人が合鍵を使って入ってくるといった妄想に発展することも少なくないんですよ。

なぜ幻覚があらわれるようになるのでしょうか？

 後頭葉は視覚と関係の深い部位なのですが，**レビー小体型認知症の人の脳を検査をすると，後頭葉の血流が少なくなっていることがわかります。この血流不足が幻覚の原因ではないかと考えられています。**

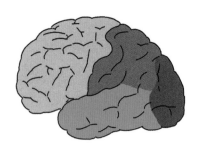

 幻覚が見えた場合は，どのように対応するのがいいんでしょうか？

 幻覚は，その人が実際に見たり感じたりしている事実です。それを頭から否定されるとマイナスの感情が高まり，怒ったり，暴力をふるったりすることもあります。
たとえば「知らない人がいる」と言われたら一緒にその場まで行き，「もういないから大丈夫ですよ」と**相手の気持ちに寄りそう**言葉をかけましょう。

 本人の訴えを否定しないことが大切なんですね。

しかし，だからといって**肯定すると妄想に発展する**ことがあります。**否定も肯定もしない，ということが重要**ですね。

そこは注意が必要なんですね！

幻覚は薬で改善する場合があります。何度も症状があらわれたり，過度な興奮がみられたりするときは，専門医に相談しましょう。

脳卒中が原因でおきる脳血管性認知症

STEP3の冒頭で触れた3大認知症のうち，残りの一つはどういう病気なんですか？

もう一つは**脳血管性認知症**です。
これは**脳卒中**の結果おこる認知症です。
脳卒中というのは，脳の血管がつまる**脳梗塞**や，血管が破れる**脳出血**などの脳の血管に障害があっておきる病気のことです。

脳血管性認知症は，脳の血管がつまったり，やぶれたりすることでおきる認知症ということですね。

はい，その通りです。

脳内出血

高血圧によってもろくなった脳の動脈が血圧の上昇などによって突然破れて出血をおこすことで、それより先に血液が送られなくなる病気。
高血圧のほか、喫煙、糖尿病、動脈硬化などによって引きおこされる。

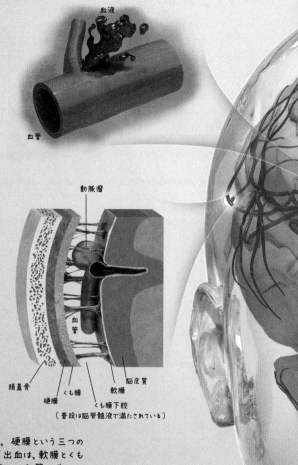

血液

血管

動脈瘤

血管

頭蓋骨

硬膜

くも膜

くも膜下腔
（普段は脳脊髄液で満たされている）

軟膜

脳皮質

くも膜下出血

脳は内側から軟膜、くも膜、硬膜という三つの膜に包まれている。くも膜下出血は、軟膜とくも膜の間にある「くも膜下腔」の血管に生じた「動脈瘤（血管にできたこぶ）」が破れて出血する病気。くも膜下出血を発症すると、血液が急速にくも膜下腔に広がり脳を圧迫するため、突然の激しい頭痛、重篤な意識障害、呼吸障害をおこす危険性がある。

ラクナ性脳梗塞

脳の細い動脈が詰まっておきる病気。影響を受ける領域が小さいため，大きな発作がおきることはないが，気づかないうちに多数の梗塞ができることで認知症の症状があらわれたり，同時多発的におきることで重篤な症状があらわれたりすることがある。

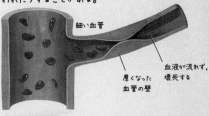

細い血管
厚くなった血管の壁
血液が流れず，壊死する

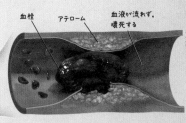

血栓　　アテローム　　血液が流れず，壊死する

アテローム血栓性脳梗塞

動脈硬化が進行すると，動脈壁に免疫細胞のマクロファージが集まって，血液中の脂肪を取り込み，「アテローム」とよばれるふくらみをつくる。これにより血液の通り道がせまくなる。さらに，血管内皮細胞が傷つくことで血栓ができ，血管が詰まる。脳の太い動脈や頸部の動脈にできやすい。

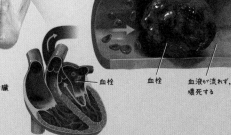

心臓　　血栓　　血栓　　血液が流れず，壊死する

心原性脳塞栓症

心臓の拍動がうまくできないと，心臓の中で血の流れがよどみ，血栓がつくられる。この血栓が血流に乗って運ばれ，脳動脈で詰まることで心原性脳塞栓症がおきる。心臓でできる血栓は大きく，脳の太い血管で詰まるため，酸欠におちいる領域が広く，重症化する場合が多い。

脳の血管に障害がおきると，血液が十分に流れなくなり，その部分の神経細胞に栄養や酸素が行き渡らなくなります。

すると，神経細胞が障害を受け，その神経細胞が担う脳の機能までもが失われて，認知症になるんです。

血液が届かなくなり，
神経細胞が死ぬ

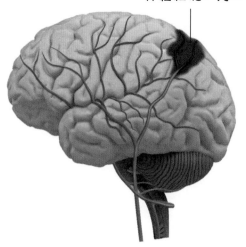

ポイント！

脳血管性認知症
脳の血管がつまったり，破れたりすることで，神経細胞がダメージを受けて発症する。

なるほど……。
脳血管性認知症では，どのような症状がでるんでしょうか？

記憶障害や認知機能障害といった基本的な症状は，ほかの認知症と変わりはありません。
しかし症状が突然現れたり，落ち着いていると思ったら急に悪化したりと，変化が大きいことがあげられます。

コロコロ変わるんですね。

はい。
また，あることはしっかりできるのに，他のことは何もできないということがおこります。たとえば記憶はしっかりしているのに判断ができないなど，認知機能の低下に差がでやすいことも特徴です。
これは，脳の障害を受けた部位に影響されるためです。そのためまだら認知症ともよばれています。

ふぅむ。

そのほかの症状としては，手足の麻痺，感覚の障害，言語障害などがみられることがあります。
また意欲がなくなり落ち込むことがふえ，その一方で感情の起伏が激しくなり，些細なきっかけで泣いたり興奮したりすることもあります。

いろいろな症状が見られるんですね。

この認知症は多くの場合，徐々に進行するのではなく，脳血管がつまったり破れたりした場合に，**突如発症**します。
そして新たなつまりや破れがおきると，**そのたびに症状が一気に悪化**するんです。
がくんがくんと階段状に症状が進むのが特徴です。

予防法はあるのでしょうか？

脳血管性認知症を予防するには，脳卒中を防ぐのが最も重要です。

脳卒中って，最近よく聞きますけど，どういうものなんですか？

脳卒中とは脳内出血や脳梗塞など，脳の血管障害の総称です。ここで，脳卒中についてもくわしく見ていきましょう。
脳卒中は認知症の原因となるだけでなく，さまざまな後遺症をもたらし，最悪の場合，死にいたります。

どれくらいの患者さんがいるんでしょうか？

厚生労働省の統計によると，日本では年間120万人ほどが脳卒中を発症しており，2016年に脳卒中で亡くなった日本人は約11万人だといいます。
脳卒中の死亡者数は，日本人の総死亡者数（約130万人）の約1割を占めており，がん，心臓病、肺炎につづいて**死因の第4位**となっています。

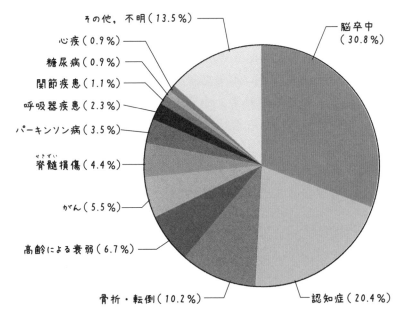

脳卒中は寝たきりの原因1位を占める

その他，不明（13.5％）

心疾（0.9％）

糖尿病（0.9％）

関節疾患（1.1％）

呼吸器疾患（2.3％）

パーキンソン病（3.5％）

脊髄損傷（4.4％）

がん（5.5％）

高齢による衰弱（6.7％）

骨折・転倒（10.2％）

脳卒中（30.8％）

認知症（20.4％）

そんなに多いんですか!?
いったいどうして脳卒中になってしまうんでしょう？

脳卒中は主に，血管が破れる脳出血と，血管がつまる脳梗塞によって引きおこされます。
脳出血にはさらに，**脳内出血**と**くも膜下出血**があります。脳内出血は，脳の中の血管が破れて脳内に出血します。

211

一方，くも膜下出血は，脳の表面のくも膜とよばれる膜と脳との間にある血管が破れて出血をおこすことです。

何が原因で，血管が破れるんですか？

脳出血の主な原因は高血圧です。
血圧が高いと，脳の血管の壁に常に強いストレスがかかります。その結果，血管が破れて出血を起こし，その周辺の脳のはたらきが失われてしまうのです。

高血圧ってやっぱりよくないんですね。
脳梗塞はどうなんですか？

脳梗塞の主な原因は動脈硬化です。
動脈硬化とは血管がかたくなってしまう状態で，高血圧が関係しますが，それに加え糖尿病や脂質異常症も原因となります。
動脈硬化によって血管がもろくなると血栓ができやすくなり，この血栓が血管を詰まらせることで，脳梗塞が引きおこされるのです。
さらに心臓など脳以外の組織でつくられた血栓が，血液の流れに乗って脳まで運ばれ，脳動脈で詰まるケースもあります。

ふぅむ。

最近，食事や生活習慣が**欧米化**したことで，糖尿病や脂質異常症をわずらう人が増えているんです。
それにともない，脳梗塞を発症する人の割合もふえてきています。

私も気をつけないと。

要注意！　脳卒中の予兆

脳卒中は，発症してからどれだけ早く対処できるかが最も重要です。
対処が遅れれば遅れるほど，その後の影響は大きく，最悪の場合，死にいたる可能性もあります。

でも脳卒中って，**突然**ですよね。
素早く対処できるかどうか不安です。

いえいえ，実は突然でもないいんですよ。
脳梗塞は多くの場合，大きな発作をおこす何年も前に，予兆のような症状があらわれることがあるんです。

それを**一過性虚血発作（TIA：Transient Isch-emic Attacks）**といいます。

 へぇ！　そんなことがあるんですね。

 TIAは，血管内を流れてきた小さな血栓（血のかたまり）が一時的に脳の血管に詰まり，それより先の脳の領域が**酸欠状態**になることで発祥します。

 酸欠状態……！　苦しそう。

 小さな血栓は自然に溶けるため，TIAの症状はほんの数分〜数時間で消えます。
しかし，TIAをそのまま放っておくと，やがて本格的な脳梗塞につながる危険性が非常に高いことが知られています。

214

ひえぇ……！

 次のイラストは，TIAの症状をまとめたものです。
脳梗塞を発症した患者の調査を行ったところ，実に3人に1人がTIAを経験していたといいます。

めまいやふらつき

激しい頭痛

視野の半分が
欠ける（半盲）

ろれつが回らない・う
まく話せない

酸欠状態に
おちいった
脳の領域

血栓
（血のかたまり）

視野が
ぼやける（複視）

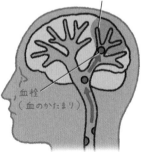

身体の片側に
麻痺が出る

215

また，**TIAを経験した人の約30％が，5年以内に本格的な脳梗塞を発症したという調査結果もあるんです。**TIAのような症状があらわれた場合，たとえ症状がすぐ消えたとしても，病院で精密検査を受けるべきでしょう。

予兆を見逃さないことが大事なんですね。
それでも，もし本格的な脳卒中発作がおきてしまったら，どうすればいいんでしょう？

脳卒中発作かどうか判断し，その後の対策を行うために役立つのがFASTです。

FASTって，「早く！」ってことですか？

もちろん"速さが重要"という意味も含んでいますが，これは，「**Face(顔)，「Arm(腕)」，「Speech(会話)」のいずれかに異常が見られた場合は，発症した時間をチェックしたうえで，「Time(時間)」を最優先に救急車を呼ぼう！　という考え方の略称です。**
ただし，脳血管性認知症は，明確な脳卒中発作がなく，小さな血管の障害が積み重なることで発症・進行する場合も多くあります。

Face
ニコッと笑おうとしても，片側の
頬だけ力が入らず，下がってしま
う，というように，顔（Face）の
麻痺やゆがみがおきる。

Arm
手のひらを上に向けた状態で両
腕を挙げようとしても，片方の手
だけ力が入らず，下がってしまう，
というように，左右どちらかの腕
（Arm）に麻痺があらわれる。

Speech
ろれつが回らなかったり，言葉が
思うように出てこなかったりと，会
話（Speech）の異常がおきる。

Time
三つのうち，どれか一つでも症状
が出ている場合は，時間（Time）
を置かず，医療機関に電話した
り，救急車を呼んだりしましょう。

217

脳卒中かどうかの判断ポイントと対応

Face（顔）
Arm（腕）
Speech（会話）

に異常が出たら，発症した時間をチェック。

Time（時間）を最優先で救急車を!

脳血管の時限爆弾の破裂を防げ! ①脳出血

 脳血管性認知症にならないために，脳卒中の原因となる破裂しそうな血管を治療する方法はないのでしょうか?

 # ありますよ!

たとえば「くも膜下出血」の場合，主に脳の動脈にできた動脈瘤（血管のふくらみ）が破裂することでおこるので，動脈瘤が破れないようにする治療が必要です。

動脈瘤を作っている壁は薄くて破れやすいので，薬物を用いた治療では破裂を止めることはできません。そのため，動脈瘤の中に血液が流れ込まないように遮断する手術をするのです。

動脈瘤に処置を施す手術というのはつまり，ず，頭蓋骨を開けるわけですか……？

いいえ。そこまでしなくても，今は比較的簡単な**コイル塞栓術**という手術で動脈瘤の破裂を防ぐことができます。これは，直径1ミリメートルほどの細いチューブを太もも血管にさしこみ，それを脳の血管まで通して，動脈瘤にコイルを詰め，動脈瘤をふさぐという処置です。この方法により，外科的に頭を開くことなく，動脈瘤の破裂を予防できるようになりました。

おぉ～！

かつてはコイル塞栓術にも**問題点**があったんです。
術後1年くらいで，詰めたコイルの中にすき間ができ，再治療が必要になるケースが少なからずありました。

いくら簡単な手術といっても，1年後に再手術となると，患者の負担になりますね……。

このデメリットを改善するため，医療機器の改良が日々行われてきました。
現在は，**コイルの表面に再生医療で用いられる生体吸収性の物質をコーティングすることにより，瘤内での新たな組織の再生をうながし，コイルのすき間を埋める**，というものがあります。

すごいなぁ。

コイル塞栓術

コイルを詰めることによって，動脈瘤内への血流を遮断する。また，動脈瘤内に血栓がつくられることで，動脈瘤の破裂を防ぐことができる。

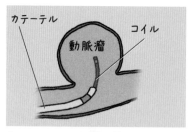

1. カテーテルを血管へ挿入する
   患者の足のつけ根を通る太い動脈からカテーテルを挿入し，脳の動脈瘤のある患部までもっていきます。

2. コイルを詰める
   動脈瘤の内部に，コイルを詰めていきます。

3. すきまなく埋める
   動脈瘤の内部にすきまがなくなるまで，コイルで埋めます。コイルによって動脈瘤内への血流が遮断され，また動脈瘤内に血栓がつくられることで，破裂を防ぐことができます。

このほかにも，**コイルを支えるステントという網目状の金属を併用し，瘤の中に血液がふたたび流れることを防ぐ方法もあります。** このような技術革新により，動脈瘤の再発率は半減したといわれています。

医学の進歩もめざましいですね！

さらに，コンピューターのシミュレーションを用いることで，より正確な治療を行う試みも実施されています。これまでは，動脈瘤の姿かたちはわかりましたが，それがどれほどのもろさで，破裂しそうかどうかを判断するのは困難でした。

ふむふむ。

しかし現在は，MRIの画像データから脳血管のみを抽出し，そこに流れる血液の量や血管の壁にかかる圧力の大きさを，コンピューター上でシミュレートすることが可能になりつつあります。
そのおかげで，動脈瘤へどのように血液が流れこんでいるか，どこへ圧力がかかりやすいかなどがわかるようになり，**手術を行うべきか，様子を見るべきかを的確に判断できる** ようになったのです。

すばらしいですね。

一方，**脳の血管が詰まる脳梗塞の場合は，原因となる血栓をいち早く取り除き，血流を回復させることが重要になります。**
そこで行われるのが血栓溶解療法です。これは文字通り血栓を溶かす治療法で，t-PA という薬を使います。**t-PAは血栓を固めているタンパク質を壊して血栓を溶かし，血流を回復させる薬です。**治療効果は高く，これによって後遺症が残らない人がふえています。

 おー，すごい！

 しかし，この血栓溶解療法には，**脳梗塞の発症から4.5時間以内にはじめなければならないという条件があります。**脳梗塞がおきた領域では，酸欠により血管の壁がもろくなっていくので，4.5時間以降に投与した場合，梗塞部のもろくなった血管から脳出血がおき，かえって危険な状態になることがあるためです。

 そんな……！
4.5時間をすぎてしまったら，もう手遅れなのでしょうか!?

 いえ，4.5時間をすぎてしまったり，t-PAを使っても血栓が溶けなかったりした場合は，第2の手段として血栓回収療法というものがあります。

この治療法では，**コイル塞栓術と同じように，まず患者の足を通る太い動脈からカテーテルを挿入し，脳に進入させます。そしてカテーテルを通してステントという網目状の金属を挿入し，脳の血管の中でステントに血栓を絡みつかせてから，血栓を回収するんです。**

よかった，対策はあるんですね。

はい。
ただ，血栓回収療法の治療時間は1時間程度なのですが，**この治療法を使うことができるのは，原則として発症から24時間以内となっています。**

えぇ!?

血栓溶解療法や血栓回収療法を行うことができる時間帯を，脳卒中の**超急性期**というのですが，この時期の治療の成否によって，その後の回復の経過が大きく左右されるんです。

これも時間制限があるのか……。
脳卒中の治療は，本当に時間との勝負なんですね。

血栓回収療法

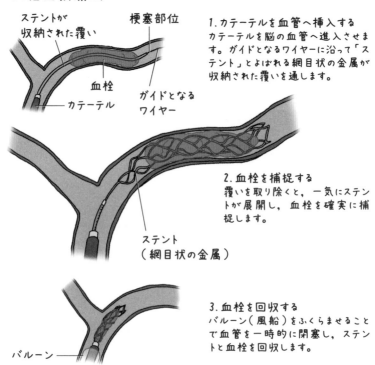

ステントが
収納された覆い

梗塞部位

血栓

カテーテル

ガイドとなる
ワイヤー

ステント
（網目状の金属）

バルーン

1. カテーテルを血管へ挿入する
カテーテルを脳の血管へ進入させます。ガイドとなるワイヤーに沿って「ステント」とよばれる網目状の金属が収納された覆いを通します。

2. 血栓を捕捉する
覆いを取り除くと，一気にステントが展開し，血栓を確実に捕捉します。

3. 血栓を回収する
バルーン（風船）をふくらませることで血管を一時的に閉塞し，ステントと血栓を回収します。

脳卒中の予防には，動脈硬化の防止が一番

 血管性認知症，および脳卒中を防ぐには，何よりも予防を行う必要があります。

 どんな予防方法があるんでしょうか？

 まず，脳卒中の危険因子の管理が重要になります。脳卒中の最も大きな危険因子は，動脈硬化です。動脈硬化は高血圧や糖尿病，脂質異常症（高脂血症）などによって血管がかたく，もろくなる状態のことだとお話ししましたね。

 はい。脂っこい食事などがよくないと。

 その通りです。動脈硬化の対策としては，何よりまず生活習慣を改善することが鍵になります！
塩分を控え，糖分や脂肪の少ない食事を心がけ，少なくとも週3〜5回程度は，ジョギングや水泳といった有酸素運動を行う必要があります。

 私，塩辛いものや脂っこいものが好きだし，休みの日にはゴロゴロしてるし，最悪ですね……。

 それはよくないですね。今から習慣を変えてみてください。
それから，水分をとるのも効果的です。

 水ですか？

 血液の濃度が高くなると血管が詰まりやすくなるので，普段から十分に水分を補給することが重要です。
ちなみに脳梗塞が最もおこりやすい時間帯は，早朝6時ごろから午前中の早い時間という傾向があります。これは，睡眠中に体の水分が失われるためです。

 なるほど！

 就寝前や入浴，運動の前後など，水分を失いやすいときには，意識して水を飲むようにしましょう。

はい，心がけるようにします！

 また，喫煙や大量の飲酒，過度なストレスも，脳梗塞を引きおこす原因となります。

脳梗塞は，再発すると初回より重症になりやすいという特徴があるんです。梗塞の部位が広がることで脳の障害も広がるため，重症化しやすい，ということですね。

それだけ脳血管性認知症にもなりやすくなるので，再発を防ぐためにも，規則正しい生活を送ることが大切になります。

> **ポイント！**
>
> ## 脳血管性認知症の原因となる脳卒中の予防は，動脈硬化を防ぐことがポイント！
>
> ①生活習慣の改善……塩分を控え，糖分や脂肪の少ない食事を心がける。週3〜5回程度，有酸素運動を行う。
> ②水分をとる……就寝前，入浴や運動のあとなど，意識して水分をとる。
> ③喫煙・大量の飲酒は控える。
> ④適度なストレス発散をする。

生活習慣変えよう，頑張るぞ！

 そして，生活習慣の改善のほかに，脳卒中を発症する危険性がどれだけあるのかを測る**脳ドック**もおすすめです。脳ドックでは，MRI検査やMRA（磁気共鳴血管撮影）検査，超音波検査などを行い，動脈瘤の有無や，血管が狭まっていないかなどをくわしく検査することができます。

 なるほど。人間ドックの脳バージョンですね。

 40歳以上になったら脳卒中の早期発見，早期治療のためにも脳ドックを受け，問題がなくても2〜3年おきに受け続けることが推奨されています。

 私も対象年齢になったら，受けてみようっと。

 ぜひそうしてください！

 いろいろな方法で脳卒中を防ぐことにより，結果的に脳血管性認知症を引きおこす可能性も下がってくる，ということがわかりました。
日常生活で気をつけられることがたくさんあるので，あらためて，生活習慣を見直していきたいと思います！

認知症のしくみと治療

4

時間目

脳を健康に
保つには

認知症への対策

認知症はだれもがかかる可能性のある病気です。認知症の発症を遅らせたり，自分や家族が認知症を発症した場合の心がまえなど，認知症の対策について見ていきましょう。

アルツハイマー病は潜伏期間が長い

認知症にならないようにするには，どうすればいいんでしょう？
やっぱり歳をとってからも，いろいろ脳をはたらかせるようにすればいいのかなぁ……。

予防という点からすると，たとえば**アルツハイマー病**などは，まだ若いうちからはじまっていることを忘れてはいけません。

そうでした。高齢になるかなり前からはじまっているとおっしゃっていましたね。

はい。次の図は，アルツハイマー病がどのように発症するのかを示したものです。

これを見ると，40代後半ぐらいから少しずつアミロイド
βが脳に蓄積しはじめ，それにともなって神経細胞の変
性や死滅がおき，70代になって認知症の症状が少しずつ
出はじめることがわかります。

アルツハイマー病進行の時間経過

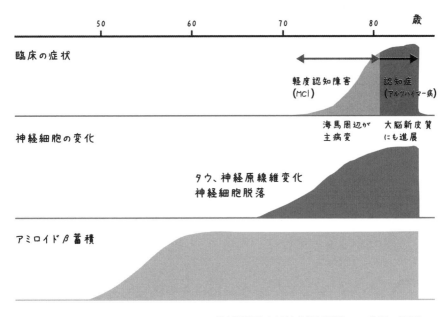

国立開発研究法人国立長寿医療研究センター資料を一部改編

 すごく長い時間をかけて発症するんですね。

その通りです。いきなり重度の認知症になるわけではなく，原因となる要素が少しずつ積み重なっていき，やがて認知症の自覚症状があり，その次に軽度の認知障害がおきて，重症化するわけなんです。病理学的に見れば，発症までに25年もかかる病気です。

知らないうちに着々と進行しているなんて，こわいですね。

そうなんですよ。
アルツハイマー病を発症するまでの期間は，インフルエンザの潜伏期間と似ているかもしれません。
最初は微熱からはじまり，免疫細胞がウイルスと闘って，やがて高熱になるのと同じように，人間の脳も，脳の免疫細胞が闘ったり，正常な神経細胞が機能を補ったりする過程を経て，発症します。

症状が出なくても，体の中では病気がゆっくりと進行しているんですね。

そうです。ですから，**早い段階から対策をこうじていれば，アルツハイマー病の発症を遅らせることは可能なのです。**

なるほど。潜伏期間が長いということは，そのぶん，何らかの対策をこうじる時間もあるということなのか。

深刻な認知症に至るまでの二つの段階

脳が健康的な状態から認知症に至るには，医学的に二つの段階があります。
まず一つは主観的認知機能低下（Subjective Cognitive Decline：SCD）です。

どういったものなんですか？

SCDは，検査では認知機能が低下しているかどうかはわかりません。ただし，以前とことなる"変化"を"自覚"することがあります。

以前とちがう変化って？

たとえば，これといった理由もないのにイライラするとか，眠れなくなる，外出がおっくうになる，趣味に楽しみを感じなくなる，ど忘れすることが増える，同じことを何度も聞くようになるなどです。
このほかにも，頭が痛くなったり，胃が痛くなるなどの身体的な変化もあります。

うーん……。
でも，今あげられたものって，多かれ少なかれ，だれでもあてはまることではないですか？
こうしたことを認知症の段階の一つかもしれないと判断するのは，むずかしいんじゃないでしょうか？

（右側縦書き）

4

時間目

脳を健康に保つには

235

そうかもしれませんが，変化の有無を判断するよい方法があります。
会社や日常生活で自分がこなしてきた役割を，これまでと変わらずに果たせているかどうかを比較してみることで，自分の変化に気づくことができます。

な，なるほど。どうかなあ……。コピーの取り忘れとかは結構あるような……。でもそれは前からだしなあ。

ただし！　ここで重要なことがあります。

な，なんでしょう？

それは**否認をしないこと**です。自分にとって都合が悪いことを隠そうとして軽く考えていると，気が付かずに症状が進んでしまうことがあるんです。

なるほど，自分をごまかさないで，ってことですね。

さて，認知症の症状がSCDから進んでしまうと，次に訪れる段階が**軽度認知障害（Mild Cognitive Impairment：MCI）**です。

どのような段階なのでしょうか？

主観的認知機能低下（SCD）のテスト

1	今，やろうとしていたことを忘れることがある
2	同僚や友人など，身近な知り合いの名前を思い出せないことがある
3	以前買ったことを忘れて，同じものを買ってしまうことがある
4	表現したい言葉が，すぐに出てこないことがある
5	相手に話を聞き返すことが多くなった
6	先のことを予測したり，計画を立てるのが苦手になってきた
7	うっかりミスをすることが多くなった
8	買い物の時のおつりなど，簡単な計算が面倒になってきた
9	別々の作業を同時進行で行うことが，うまくできなくなってきた
10	新しい家電の操作などが覚えられなくなってきた
11	ちょっとしたことで怒ったり，気分が落ち込むことが増えた
12	趣味などにあまり関心がなくなってきた

はい。**このMCIの段階は，もの忘れが主な症状です。しかし，日常生活を送るうえでは，大きな支障はないため，認知症とまでは診断されません。**

 グレーゾーンみたいなことですね。まだ診断はされないと。

 ええ。
ところが，MCIの段階でこれまでと同じような生活をつづけていると，アルツハイマー病に移行してしまいます。
毎年，10〜15％のMCIの人がアルツハイマー病に移行しており，2023年現在，日本ではMCIの段階の人は約400万人と推定されています。

ポイント！

認知症に至るまでの二段階

主観的認知機能低下（SCD）
　検査では認知機能の低下は認められないが，以前とことなる変化を自覚する。

軽度認知障害（MCI）
　もの忘れが主な症状としてあらわれるが，生活に大きな支障はない。

うわ，そんなにですか。でもまあ，仕事も忙しくて生活に支障がないとなれば検査も後回しになるし，若いと認知症だなんて考えたくない気持ちも大きいですし……。

そうですね。また，**SCDもMCIも，非常に概念が広いという点も注意が必要だといわれています。**
たとえばSCDの段階では，認知症の原因疾患だけではなく，単なる寝不足や疲労による注意力低下なども含まれるのです。
つまり，認知症のさまざまな要因の集団の中に，アルツハイマー病やほかの認知疾患の超初期段階であるSCDが紛れこんでいる，ということなんです。

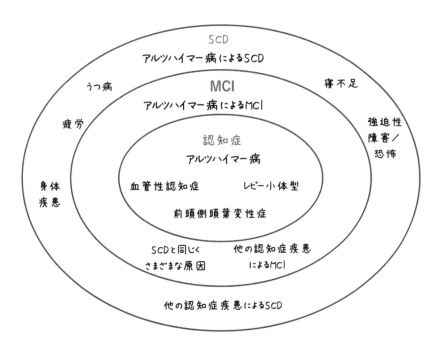

はたらき盛りの40代や50代の方は，何か異変があったら，それは単に仕事の疲れのせいだけじゃないかも，という意識をもっておいたほうがいいですね。

早期介入で発症を遅らせる

 認知症は，SCDやMCIの段階なら，ある程度進行を遅らせることができるんですか？

 # その通りです！

年齢を重ねれば，誰でも認知症になる可能性があります。しかし，SCDやMCIの段階で医療的な介入をし，脳の老化予防に努めると，16〜41％の人は認知機能が正常な状態にもどるというデータがあります。

 早くに対策をすれば，認知症の進行をおさえられるんですね！　いったいどういう対策をとればいいんでしょうか？

 はい！

世界5大医学雑誌の一つ『ランセット』では，2017年に，国際的な認知症専門医で構成される認知症予防・介入・ケアについての委員会（ランセット委員会）が設立され，「認知症に対する早期介入の必要性」について，同委員会がアルツハイマー病協会国際会議に提出したリポートが紹介されています。

そのレポートには，血圧，肥満，運動不足，うつなど，認知症の危険因子が12個報告されています。
これらの危険因子をなるべく早く発見して予防できれば，認知症の発症を約4割，減らしたり，遅らせたりすることができると結論づけています。

運動不足や肥満，高血圧も認知症の危険因子なのか……。ほかにもいろいろな危険因子があるんですね。

認知症に至る危険因子を調べ，一つ一つ対策を立ててつぶしていけば，認知症の発症を最大限遅らせることは可能であると考えられています。
とはいえ，自分自身で「大丈夫かな？」と思っていても，それを否定してしまうのが人間の心理ですよね。

すっごく，わかります。自分に都合の悪いことは，どうしても認めたくないですもん。ましてや自分が認知症だなんて……。

しかし，先ほどもお話しした通り，そうした変化を気づこうとせず，見逃してしまうのは認知症の症状を進行させてしまうだけなんです。
腹痛や頭痛など，調子が悪いと思ったら病院を受診するのと同じように，最近もの忘れが多くなってきたなあとか，昔は楽しかったのに今はあまり楽しくなくなってしまった，という変化に気づくこともあるはずです。
そのときに受診すれば，認知機能を維持することはある程度可能です。

認知症の危険因子

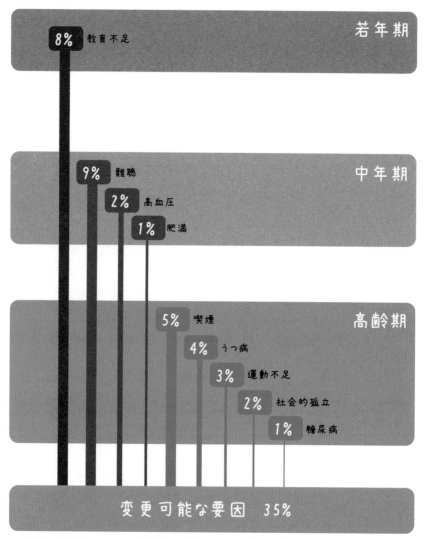

8% 教育不足	若年期

9% 難聴	中年期
2% 高血圧	
1% 肥満	

5% 喫煙	高齢期
4% うつ病	
3% 運動不足	
2% 社会的孤立	
1% 糖尿病	

変更可能な要因　35%

変更不可　ApoE（遺伝子）7%・未知の要因 58%

アルツハイマー病って，アミロイドβが脳にたまるせい
なんですよね？
危険因子を減らせば，アミロイドβがたまる速度が遅く
なるんですか？

はい。これらの危険因子とアミロイドβの蓄積には関連
があると考えられています。
たとえば，アミロイドβが脳の中にそれほどたまってい
なくても，**脂質異常症**が疑われたり，**寝不足**や**運動
不足**がつづいている人の場合，そのまま何もしなければ，
将来認知症を発症する可能性は非常に高まるでしょう。
そこで，**食事内容**を変えたり，日常に**運動**を取り入れ
るなどの生活改善をすると，その後の数値がよくなった
といいます。

すごい！

また，すでにアミロイドβがたまってしまっていて，血液検査の数値も悪く，前述した12個の危険因子のほとんどがあてはまっている人の場合でも，生活改善をし，危険因子を一つずつ減らしていくと，アミロイドβの蓄積の進行を遅らせることができるはずです。

進行を食い止められるんですね！ やっぱり気づいた時点で早めに介入することってすごく大切なんですね。

そうですね。認知症は，現在非常に大きな**社会問題**となっています。だからこそ，早期に発見し，早期に介入することは社会にとっても非常に重要なんです。

実際に，認知症は社会にどれだけの影響をおよぼすんでしょうか？

1時間目にもお話ししましたが，日本における認知症の高齢者人口の将来推計に関する研究によると，2025年には**700万人**に達することが推測されています。
これは，高齢者の5人に1人が認知症になってしまう可能性があるということです。

ものすごい割合ですね。

はい。2015年に，認知症の社会的費用を推計した研究が行われました。

それによると，医療費1.9兆円，介護費6.4兆円，家族や親族などの非公式の支援に6.2兆円で，合わせて**年間14兆円**のコストがかかると推定されています。

14兆円ですか……。とんでもない額ですね。

そうなんです。
でも，エジンバラ大学精神科臨床脳科学センターの**リッチー博士**らの研究によると，**早期介入や早期予防に成功し，認知症の発症を5年遅らせた場合，認知症患者は現在の半分になると考えられています。**

半分にまで!?

認知症患者を半分に減らすことができれば，さまざまなメリットが期待できます。
公的負担が減るだけでなく，しばしば問題になっている家族や親族の介護の負担も減るでしょう。
そしてさらに**経験豊富で，業務への熟練度が高い労働力人口を増やすことにもつながります。**

なるほど〜。確かに，認知症にかかることなく，高齢になっても元気ではたらきつづられれば，それが一番幸せなことですもんね。

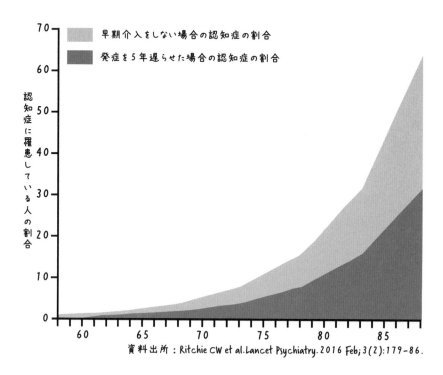

凡例:
早期介入をしない場合の認知症の割合
発症を5年遅らせた場合の認知症の割合

（縦軸）認知症に罹患している人の割合

（横軸）60　65　70　75　80　85

資料出所：Ritchie CW et al. Lancet Psychiatry. 2016 Feb; 3(2):179-86.

認知症と診断されたら

認知症と診断されたら，どうしたらいいんでしょう？

そうですね。認知症と診断されると，たいていの人は目の前が真っ暗になり，「そんなはずはない！」と否定して，現実逃避をするかもしれません。
しかし今や認知症は，だれでもなりうる，ありふれた病気です。**認知症と診断されたら，つらいけれどもまず受け入れ，認知症とともに生きる方法を考えるのが，その後の人生をゆたかにする第一歩となります。**

まずは受け入れることから……。

はい。今までお話ししてきたように，ほとんどの認知症は完全に治す方法がありません※。
しかし症状の進行は，努力しだいで遅らせることができます。そのためには，生活習慣を改めることが重要です。

そうでした。早くから生活習慣を改善することが鍵でしたね。

そうですよ。まずは運動と食事の見直しをしましょう。毎日きちんとつづければ，より効果が期待できます。

ふむふむ。

※：脳腫瘍，慢性硬膜下血腫，正常圧水頭症などによる認知症は，治療可能な場合もあります。

次に食事です。**食事は規則正しく，ビタミンが豊富な野菜やくだもの，ドコサヘキサエン酸（DHA）などの不飽和脂肪酸を多く含む青魚などを積極的にとるようにしましょう。**

食品の種類は多め，量は少なめを心がけましょう。

なんか，心筋梗塞とか，脳梗塞とか，肥満などの対策に似ているような……，ああそうか，肥満も認知症の危険因子でしたね！

そうです。**運動や食事だけでなく，趣味を楽しむことや，料理や楽器の演奏を行う，睡眠を十分にとることなども効果的です。**

また，普段から暗算をするなどで，意識的に脳をはたらかせるのも重要です。

ふむふむ。

栄養バランスのとれた食事や有酸素運動と同じく，**他者
との会話にも認知症の進行をおさえる効果があります。**
会話をするためには脳の機能や顔の筋肉がたくさん使わ
れるため，とてもよい刺激になるからです。

とにかく，脳を動かすことですね。

そうですね。もちろん，定期的な診察や，医師のアドバ
イスによる治療はきちんとつづけましょう。

直接の治療効果だけでなく，信頼できる医師に見守られ
ているという安心感が不安を解消し，症状の軽減・改善
につながることもあります。

ポイント！

認知症と診断されたら，まずは受け入れる。生
活改善をすれば，進行はおさえることができる

・運動……有酸素運動は脳の血流を活発にし，
　　　　　免疫機能を高める。

・食事……規則正しい食事。ビタミンやドコサヘキ
　　　　　サエン酸（DHA）を積極的にとる。

趣味を楽しむ，睡眠をよくとる，会話をするなど
も効果的。脳をできるだけ動かすことを心がける。

でも，どうすればいいか迷ったら，まずはできるだけ早
めに**地域包括支援センター**を訪れてみるといいでし
ょう。

ちいきほうかつしえんセンター……って？

地域包括支援センターは，市区町村から受託された医療法人や社会福祉法人などによって運営されている，相談窓口のようなところです。

社会福祉士やケアマネージャー（介護支援専門員）といった"介護のプロ"が配置されていて，親身に話を聞き，適切なアドバイスやサポートをしてくれます。また，介護保険の申請もここで行うことができます。

 そんな心強い施設があるなんて知りませんでした！

ポイント！

地域包括支援センター
医療法人や社会福祉法人などによって運営されている相談窓口。社会福祉士やケアマネージャーがアドバイスやサポートをしてくれる。介護保険も申請できる。

 認知症と診断されたら，進行をおさえることはできても，最終的には介護が必要になります。そのためにも，早めに介護保険の申請をし，まだ症状が軽いうちにサポート体制を整えておくと安心です。

認知症の家族はどうサポートすればいい?

 先生, 家族が認知症になったら, どう対応すればいいんでしょう?

 では, ある程度症状が進行してしまった認知症患者さんへの対応についても, 少しだけお話ししておきましょう。**認知症の患者さんへの対応で重要なのは二つです。それは, 「失われた機能を代償する支援」と「失われつつある機能を保持する支援」です。**

 「完全にできなくなってしまったこと」と, 「まだ何とかできていること」?

 そうですね。**失われつつある機能を保持しながら, 支援をする**ということですね。
たとえば**メモや付箋の活用**です。これは, 本人の目につくところや, トイレ, 洗面所, 冷蔵庫, 電話, ドアといった, 日常生活の動線上で視線が集まりやすい場所に, 本人がするべきことを大きな字で書いたメモを貼ります。本人が忘れたら, 何度でもくりかえします。

 ふむふむ。なるほど。

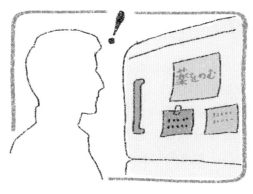

目につきやすいところにメモや付箋を貼って，患者がするべきことを書きます。

日めくりカレンダーの利用もよいでしょう。
普通のカレンダーとちがい，日めくりカレンダーはその日その日を印象付けることができます。
メモが書きこめるタイプの日めくりカレンダーを使って，その日の予定を大きな字で書きこみます。

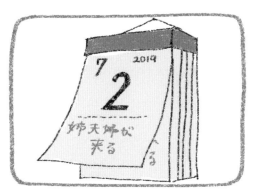

日めくりカレンダーを使い，その日の予定を書いておきます。

なるほど。

それから，**寝室とトイレの動線をできるだけ短くする**ことも重要です。
夜間は常夜灯をつけておくなど，トイレの場所がわかるようにすることで失禁を防ぎ，また，照度を明るくしておけば，ケガや転倒などを防ぐこともできます。

これは部屋の配置とかが関係しますね。

寝室とトイレを近くにして，夜間は常夜灯をつけておきます。

写真・シンボルの活用も効果的です。言葉がうまく理解できない段階になっても，写真・シンボルであれば理解できます。

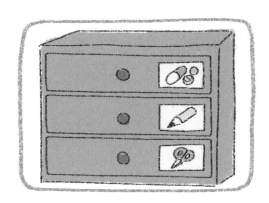

写真やシンボルを使って，物の収納場所などを理解させます。

確かに，言葉による説明よりも，写真やシンボルのほうがダイレクトに伝わる場合もありますね。

そして**家族や支援者は反復練習をくりかえす**ことも大切です。認知症への感情的な言動をはできるだけ減らすようにし，家族，支援者どうしで連絡を取り合い，情報・体験の共有をするといいでしょう。

患者への感情的な言動は減らし，家族，支援者どうし
で連携を取り合います。

一人とか，家族だけとかで抱えこまないようにするんで
すね。介護者が疲れちゃいますもんね。

そうですね。
つづいて，認知症特有の症状に対する心構えについても
お話ししておきましょう。
認知症の患者さんによく見られる症状の中に，**もの盗
られ妄想**というものがあります。

もの盗られ妄想？　どういう妄想ですか？

もの盗られ妄想とは，自分の持ち物を置いた場所を忘れてしまって見つからなくなってしまったときに，「だれかが盗んだ」と疑いはじめる症状のことです。
その際，家族や介護ヘルパーなど，いつも世話をしてくれる人が疑われやすい傾向があります。

どうして盗んだと思ってしまうんでしょうか？

もの盗られ妄想の原因は，記憶障害です。
ちょっと想像してみてください。

あなたは自分がもちだしたり，どこかに置き忘れたりした記憶はまったくないのに，いつもの場所から物がなくなっていたら，どう感じますか？

泥棒が入ったんだろうかとか，そもそも忽然と物が消えるなんてありえないから……，とにかく気味が悪いです！

そうですよね。**もの盗られ妄想は，そこで「だれかのせい」にして，記憶をとりつくろおうとするのだと考えられています。**

もの盗られ妄想で疑われてしまったら，どうすればいいんでしょうか？

認知症の人のもの盗られ妄想がはじまり，犯人扱いされたとしても，否定も肯定もしないのがよいでしょう。

否定も肯定もしない？

「それは大変ですね，一緒に探しましょう」と声かけをして，身のまわりを探すようにします。
そして探しながら，本人が不安に思っていることを聞くなどして，心を落ち着かせるように努めましょう。共感し，話をよく聞くうちに，妄想が消えることもあります。

ほぇ～……，そんなことできるかなあ。でも，認知症の人は，常に不安を感じているはずですよね。
それを解消してあげるようにしないといけないんですね。

そうですね。

認知症の患者さんは，人や物の名前が出てこない，体が思い通りに動かない，今まで簡単にできたことができない，目や耳が遠くなったなどさまざまな変化が，不安やイライラの原因となります。

さらに認知症が進むと，自分がどこにいるのかがわからなくなり，周囲をとりまく人を「知らない」と感じることがあります。

私たちが突然，自分のこともまわりのことも「わからない」状況になったらどうでしょうか？

気が付いたら知らないところにいて，自分がだれだかわからない……，めちゃくちゃこわいですね。

そうでしょう？　どれほど不安なのか，ちょっと想像もつきませんよね。

このように，**認知症の人は，慢性的な不快感と大きな不安を抱えながら生活しているのです。**

そうなんですね。

このような不安やストレスが蓄積することにくわえ，認知症による脳の機能の低下が要因となり，突然怒りだしたり，物を投げたりする症状が見られることもあります。暴言や暴力の見られる人は，脳の中でも感情のコントロールにかかわる前頭葉の萎縮が激しいことが多く，ちょっとしたストレスで感情が爆発してしまいます。

 そういうときはどうすればいいんですか？

 感情のコントロールがきかない状態ですから，「落ち着いて！」と大声を出したり，力まかせに抑制しようとすると，ますますパニックになってしまいます。

 じゃあ，どうするんですか？

 突然怒ったり，暴れだした場合は，一時的にその場からはなれるなどして，落ち着くのを待ちましょう。そして落ち着いたころをみはからって，怒りの原因を聞くようにします。

暴れたら抑えるのではなく，しばらくほうっておいたほうがいんですね。

 そうですね。
ただし，認知症はやはり病気ですから，家族とはいえ，素人が対応するのは限界があります。
家族や身内だからといって無理をせず，介護はできるだけプロに任せるという意識をもっておくことも重要です。
また，薬の影響で症状があらわれることもあるので，症状がひどく出る場合は，必ずかかりつけ医に相談しましょう。

STEP 2

 生活習慣と認知症

最近の研究では，さまざまな生活習慣が，認知症と関係があることがわかってきました。どのような生活習慣が認知症のリスクを上げるのでしょうか。

睡眠不足は認知症の危険因子

 先生，認知症にならないようにするには，どうすればいいんでしょうか？

 STEP1でも簡単にふれたように，認知症は生活習慣と密接に関係しています。
生活習慣を改善することで，認知症の発症リスクをおさえることができると考えられているんですよ。

 本当ですか!?
どのような生活習慣が認知症と関連があるんでしょうか？

 では，認知症と関連があると考えられている生活習慣について，具体的にいくつか見ていきましょう。
まずは睡眠です。

睡眠も認知症と関連があるんですか！？
やばいなぁ。私，ゲームをして夜更かしすることがけっこうよくあるんですよね……。いつも寝不足気味です。

それはよくありませんね。睡眠と脳の認知症には密接な関係があると考えられています。
なんと，たった一晩の寝不足がアミロイドβを蓄積させるという研究結果もあるんです！

一晩の睡眠不足で！？

日本人の睡眠時間は，年々減少しています。経済協力開発機構（OECD）の調査によれば，1960年代に約8時間だった睡眠時間が，2015年には約7時間に減少していることがわかっています。

その背景には，シフトワーク（交代勤務）の増加，通勤や激務をこなすための短時間睡眠や夜型生活の増加などが考えられています。

 だけど7時間も眠れば十分なんじゃないですか？

 世界的傾向からすると，そうともいえません。
世界で見ても日本人の睡眠時間は短いほうで，さらに減少傾向にあります。

OECD加盟国の睡眠時間

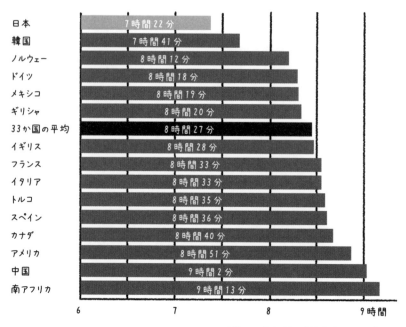

国名	睡眠時間
日本	7時間22分
韓国	7時間41分
ノルウェー	8時間12分
ドイツ	8時間18分
メキシコ	8時間19分
ギリシャ	8時間20分
33か国の平均	8時間27分
イギリス	8時間28分
フランス	8時間33分
イタリア	8時間33分
トルコ	8時間35分
スペイン	8時間36分
カナダ	8時間40分
アメリカ	8時間51分
中国	9時間2分
南アフリカ	9時間13分

出典：OECD, Gender data portal 2021: Time use across the world

先生，いったいどれくらい睡眠時間をとればいいんですか!?

 十分な睡眠時間というのは，人によって差があります。しかし，疫学的なデータを見ると，6時間半から7時間の睡眠を取る人がもっとも認知症になりづらく，6時間未満だと認知症になりやすいようです。

 じゃあ，今度から9時間睡眠を心がけます！これでアミロイドβもすっきりですね！

 いえいえ！ 実は8時間以上の睡眠も，認知症になりやすいという結果が報告されているんですよ。それから，睡眠については，時間だけでなく，睡眠の質も重要です。

 睡眠の質？

 私たちは睡眠中，浅い眠り（レム睡眠）と深い眠り（ノンレム睡眠）を交互にくりかえしています。このサイクルを睡眠サイクルといいます。

 すいみんさいくる……。

 睡眠で脳が老廃物を排出するのは，深いノンレム睡眠のときです。

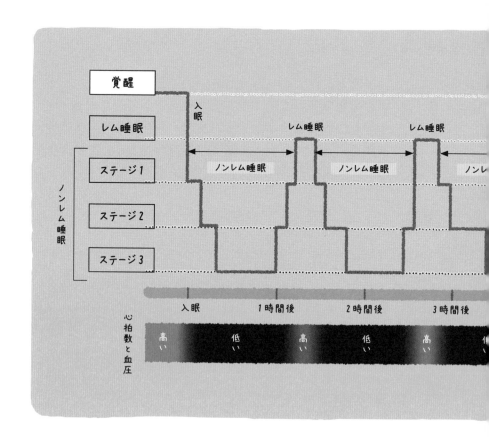

 ですが深いノンレム睡眠は，加齢とともに短くなることがわかっています。そのため高齢者では，昼間の覚醒と夜の睡眠のリズムを整えることが，若いころよりも意味をもつようになるのです。

 自分はまだ若いから，無理がきくとか，過信しちゃいけないなあ。

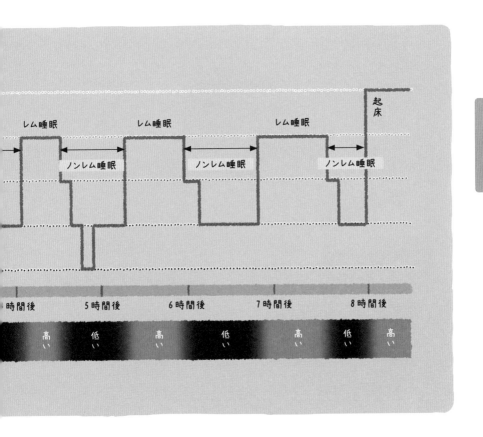

 最近では，睡眠サイクルを計測する**スマートウォッチ**など，さまざまなデバイスが登場しています。
あくまで参考程度の簡易的なものですが，試してみるのも良いかもしれませんね。

睡眠サイクル

ノンレム睡眠

脳の活動が低下する。大きくステージ 1 〜 3
にわけられる。普通は睡眠の最初にやってくる。

レム睡眠

脳の一部は活動しているが，体の筋肉は弛緩
しているため動かない。睡眠の後半に割合が
増える。

睡眠によって，脳のゴミが洗い流される

 十分な睡眠がたいせつなのはわかりましたけど，それがどうして認知症を防ぐことになるんでしょう？

 それは，睡眠中に脳内のアミロイドβなどの老廃物が"洗い流される"からです。

 ### 洗い流される？

 はい。脳内では**脳脊髄液**という無色透明の液体が分泌されています。3時間目にこの中に含まれているアミロイドβの量を測って診断するという話をしましたね。
実は睡眠中に，この脳脊髄液によってアミロイドβは除去されるのです。

 どうやって除去されるんですか？

 脳脊髄液は脳内の**脈絡叢**とよばれる器官でつくられます。
脈絡叢でつくられた脳脊髄液は，グリア細胞がつくる動脈周辺の空洞（動脈周囲腔）を伝って脳の細部に入りこみます。
そこから神経細胞の周辺に流れこんでアミロイドβを洗い流し，静脈周辺の空洞（静脈周囲腔）から流れだしていくんです。

4
時間目

脳を健康に保つには

269

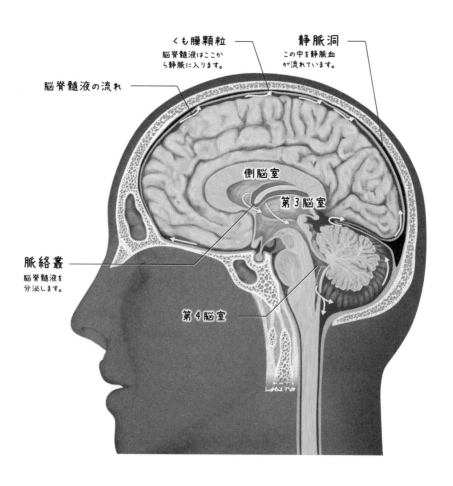

くも膜顆粒
脳脊髄液はここか
ら静脈に入ります。

静脈洞
この中を静脈血
が流れています。

脳脊髄液の流れ

側脳室

第3脳室

脈絡叢
脳脊髄液を
分泌します。

第4脳室

 おきているときは洗い流されないんですか？

 昼間の脳内は神経細胞やグリア細胞で埋めつくされてい
るので，脳脊髄液があまりよく流れません。

270

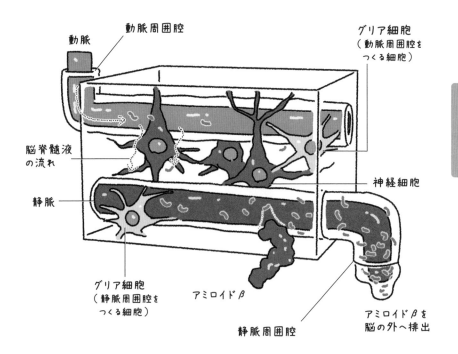

動脈周囲腔

動脈

グリア細胞
（動脈周囲腔を
つくる細胞）

脳脊髄液
の流れ

静脈

神経細胞

グリア細胞
（静脈周囲腔を
つくる細胞）

アミロイドβ

アミロイドβを
脳の外へ排出

静脈周囲腔

 しかし，睡眠中にはグリア細胞の一部が縮むことで脳脊髄液の流れがよくなり，老廃物の除去が進むと考えられているんですよ。

 だから十分な睡眠時間をとらないといけないんですね！
睡眠＝脳内の清掃時間なんですね。
どうすればよい睡眠をとれるんでしょうか？

 よい睡眠をとるには，生活全体の周期を保つことがたいせつです。

睡眠は**体内時計**によってコントロールされており，毎日の生活リズムをしっかりと保つことで決まった時間に眠気が訪れるようになります。

また，就寝の2～3時間前に運動や入浴をすると，入眠がスムーズになるともいわれています。よい睡眠をとるため，自分にあった生活習慣を身につけましょう。

 やっぱり規則的な生活がいいんですね。

 そうですよ。睡眠時間が短かったり不規則になったりすると，脳の老化が早まるだけではなく，肥満，高血圧などになる危険性も高まります。肥満や高血圧は，認知症の危険因子でもあります。

さらに睡眠の乱れはそのほかの生活習慣やホルモンの分泌などの乱れにもつながり，その影響は全身におよびます。

睡眠時間と周期を，もう一度，見つめなおしてみましょう。

肥満や糖尿病は認知症リスクを上げる

先ほどもふれましたが，認知症の危険因子として肥満があげられます。

多くの研究で，中年期に肥満の場合，認知症のリスクが上がることが報告されています。

さらに，肥満は糖尿病の要因にもなります。**糖尿病もアルツハイマー病のリスクを上げることがわかっています。**

福岡県の久山町で行われた調査では，糖尿病の患者は，2.1倍アルツハイマー病のリスクが高い，という結果が出ているんです。

最近太ってきたから，気をつけないと……。

でも，どうして肥満や糖尿病でアルツハイマー病のリスクが上がるんですか？

はっきりとした理由はまだわかっていません。でもいくつかの仮説はあります。
一つは**インスリン抵抗性**がかかわっているというものです。

いんすりんていこうせい？

インスリンというのは，血液中の糖の濃度を下げるために分泌されるホルモンです。
しかし肥満や糖尿病になると，インスリンは十分に分泌されているのに，効きが悪くなって，血糖値を下げることができない状態がおこります。これがインスリン抵抗性です。

インスリンが効かなくなるんですね。

そうです。
インスリン抵抗性がおこると，インスリンが十分に効かずに血糖値が高い状態がつづきますから，膵臓はどんどんインスリンを分泌します。**こうして，血液中のインスリン濃度が高い状態になります。**

インスリンの濃度が高いのがよくないんですか？

ええ。体内には，**インスリンを分解する酵素**があるのですが，この酵素はアミロイドβを分解する役割にもなっているんです。

そのため，インスリンの濃度が高い状態がつづくと，分解酵素はインスリンの分解に忙しくなって，アミロイドβの分解が進みにくくなると考えられます。

こうしてアミロイドβの沈着が脳で進み，アルツハイマー病のリスクを高めている可能性があります。

なるほど。

また，インスリンの濃度が高い状態がつづくと，**脳の炎症**が引きおこされる可能性も指摘されています。3時間目でお話ししたように，脳内の炎症は，アルツハイマー病を悪化させます。

このようなしくみにより，肥満や糖尿病の認知症リスクが上がるのではないかと考えられています。

やっぱり肥満はよくないってことですね！

運動で脳の活動を改善

認知症のリスクをおさえ，認知機能を維持するうえで，とくに重要だと考えられているのが，ずばり**運動**です。**さまざまな研究から運動は認知症の予防に効果があることが報告されています。**

たとえば，アメリカの国立加齢研究所で行われた，65歳以上，1700名を対象にした疫学研究では，15分以上の運動を週に3回〜7回以上行ったグループは，それ未満の運動しかしていないグループに比べて，アルツハイマー病のリスクが**46％**少なかったという研究結果が出ています。

運動，すごいですね！

でも，私やばいかも。ほとんど動いていません。

とくにテレワークの日なんか，家を出るのはご飯を買いに行くときくらいです。あとはずーっとパソコンの前にいます。

それはよくありませんね。

厚生労働省の調査（国民健康・栄養調査）によると，運動習慣がある人は，男性で33.4％，女性で25.1％です。

脳の老化が少しずつはじまるのが40代後半ですが，男性の場合，その時期に運動する習慣が18.5％ぐらいしかなく，全世代でもっとも低いということがわかっています。

うーん，でも運動する時間もないし，ジムに行くにしても，お金がかかりますし……。

認知症予防の観点からいうと，ジョギングや水泳などの**有酸素運動**がよいようです。
運動というと，会社の帰りにジムに行ったり，1〜2時間のマラソンをしなければならないと考えるかもしれませんが，20〜30分程度の早歩きや軽いジョギングなどでも効果があると思いますよ。

たしかに，それくらいだったらできそうな気がします。

たとえば，通勤や通学で毎日30分ぐらいは歩いている人であれば，その通勤や通学にほんの少し負荷をかけて歩くスピードを速めてやるだけでもよいでしょう。

早速，今日からできるだけ歩くようにします！

また，単に運動するだけでなく，認知トレーニングも一緒に行うとより効果的です。
たとえば，足踏みをしながら，数を数えたり，ウォーキングをしながら，引き算をしたりする，いわゆる「ながら作業」のことです。

でも，数を数えたり，計算じゃ，飽きそうです。

そうですね。この「ながら作業」は楽しくなければ意味がありません。やろうとする意欲がわくほうが，さらに認知機能も向上するのです。
ですので，自分の好きなことや楽しいと思えることに運動をプラスして，自分のやり方を見つけるのがよいでしょう。たとえば，歌が好きな人は，歌にジョギングやウォーキングを加えてみてもいいかもしれません。
俳句が好きな人ならば，散歩しながら，景色を題材に俳句をつくるのもよいでしょう。話が好きというのであれば，数人で会話をしながら，楽しく散歩するのもよいと思います。

楽しみながらやったほうがいいんですね。

 そうですね。楽しめるものであれば，計算でも英会話でもなんでもよいのです。自分なりの楽しみ方を見つけましょう。

 でも先生，そもそもなぜ運動が，認知症の予防や，認知機能の維持に効果的なのでしょうか？

 まず運動は，肥満や糖尿病の予防になります。先ほどお話ししたように，これらを予防することで認知症のリスクも下げることができると考えられます。

 なるほど！

また運動によって**脳の血流**がよくなることも認知症の予防に効果があると考えられます。

脳がうまく機能するには，**十分な血液**が流れている必要があります。しかし，高齢者やアルツハイマー病の患者では，海馬や大脳皮質での血流の低下が見られることが報告されています。血流の低下をおさえることで，認知機能の低下を食い止める効果が期待できます。

また，血流の増加はアミロイドβの蓄積をおさえる効果がある可能性も示されています。

運動にはいろんな効果があるんですね。

はい，さらに運動には，脳内での**神経細胞の再生**を促進する効果もあるようです。

従来，脳の神経細胞は増えることはないと考えられてきました。**しかし，近年，大人でも脳の海馬などで神経細胞が新しく生まれることがあることが明らかになってきています。**

ほぉ。運動をすると，神経細胞が新しく生まれやすくなるんですか？

そうです。

運動をすると，脳の中に**脳由来神経栄養因子（BDNF）**という物質が分泌されます。この物質には，神経細胞の新生や成長を促すはたらきがあるのです。

定期的な運動によって，海馬に新しい神経細胞が生まれ
れば，認知症や加齢による認知機能の低下を予防するこ
とができるはずです。

これはもう，運動をするしかないですね！

歯周病は認知症を悪化させることがある

認知症の発症リスクは，歯周病とも関連があることが近
年明らかになってきています。

歯周病！？
だってそれって，歯の病気じゃないですか。どうして歯
と認知症が関係するんですか！？

歯周病をあなどってはいけません。
歯周病は，細菌が感染することで，歯ぐきに炎症がおき
る病気です。進行すると，歯を支える骨が溶けて，歯が
抜け落ちてしまいます。
近年，歯周病は，動脈硬化や誤嚥性肺炎，早産と低体重
児出産，糖尿病，そしてアルツハイマー病とさまざまな病
気と関連しているという報告が多くなされているんです。

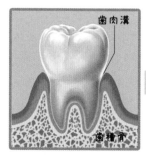

健康な歯肉

- 歯肉溝の深さは，大人で2〜3ミリ，子どもでは1ミリ程度。
- 歯肉はピンク色で，引きしまっている。

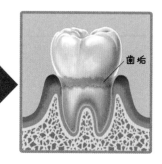

歯肉炎

- 歯肉が炎症をおこし，赤くはれる。
- 出血することもある。
- 適切な歯みがきや歯医者でのクリーニングで治る。

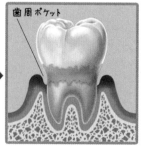

歯周炎

- 歯周ポケットができ，だんだん深くなる。
- 歯肉が下がり，歯が長くなったように見える。
- 歯槽骨がとけはじめる。
- ひどい場合は手術で治療する。

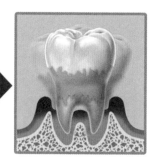

重度の歯周炎

- 歯肉からうみが出る。
- 歯がぐらつく。
- 歯が抜ける。
- 口臭がきつくなる。
- 発音がしづらい。
- 抜歯されることが多い。

そんなにあるんですか？
歯周病になったら，アルツハイマー病になりやすくなるんですか？

現在のところ，「歯周病とアルツハイマー病に関連あり」と100％いいきることはできません。しかし，いろいろな調査や実験の結果から，両者の関係が無視できなくなりつつあるんです。

ほほう。

まず，昔から知られていることなのですが，アルツハイマー病の患者さんは，そうでない人にくらべて歯の本数が少ないということがあります。歯が抜けることは，歯周病の末期症状です。

ふぅむ。
でも，アルツハイマー病になると，単に歯磨きがおろそかになるだけではないんですか？

するどいですね。たしかにその可能性はあります。
しかし，アルツハイマー病の患者の脳からは，高い確率で歯周病菌や，それが生みだす毒素が見つかっているんです。

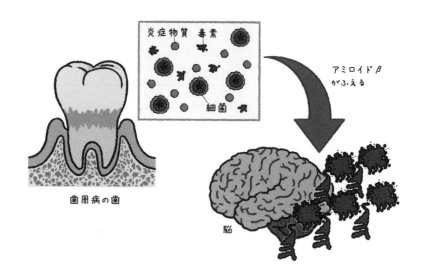

炎症物質 毒素

細菌

アミロイドβ
がふえる

歯周病の歯

脳

さらに，実験的に歯周病にさせたマウスでは，脳内のアミロイドβが異常に増加し，認知機能がいちじるしく低下するという結果も得られています。

うーん，だとすると，歯周病とアルツハイマー病は，やっぱり関係しているのかなぁ……。

こうした研究や報告から，多くの研究者は，歯周病菌やその毒素，そしてそれらが引き金になって免疫細胞が出す炎症物質が，脳内のアミロイドβを増加させ，アルツハイマー病を悪化させると考えるようになっています。

じゃあ，歯周病を予防すれば，アルツハイマー病の発症を遅らせることはできるのでしょうか？

はっきりとしたことは言えませんが，認知症を予防する意味でも，歯磨きをはじめとした口腔ケアをするにこしたことはないでしょう。

認知症は腸内細菌と関連があるかもしれない

認知症のリスクと関連があると考えられている，ちょっと意外なものを最後に紹介しましょう。
なんと，私たちの体に住み着いている**常在菌**が認知症の発症リスクと関連があるのかもしれません。

常在菌!?

口，鼻，皮膚，腸など，私たちの体には，さまざまな細菌が住み着いています。こうした細菌などの微生物のことを**常在菌**といいます。
一人の体に住み着いている微生物は，1000種類，数にして**100兆個**に達するといわれています。その重さは成人男性では約1.5キログラムにもなります。
ヒトを構成する細胞は約37兆個と推定されているので，この体には，私たちの細胞よりも多くの常在菌が住み着いているようです。

それじゃあ，ヒトの細胞と常在菌は，どっちが本体か，わかりませんね！

ふふふ，そうですね。
体の中で，常在菌が最も多く住み着いている場所は腸です。腸には数十兆個の細菌がいると見られていて，これらをまとめて腸内細菌とよんでいます。

腸内細菌は，食品の成分を分解して栄養素をつくりだしたり，病原体を排除する免疫系にかかわったりと，人体に有益なはたらきをするものもいます。

そうした常在菌が認知症と関係があるんですか？
でも，ちょっと信じられません。

実は以前から，アルツハイマー病を発症している人と，そうでない人の腸内細菌の組成がことなることは，よく知られていました。しかし，そこに関連があるのかはよくわかっていませんでした。

そこで2016年，スイス工科大学のハラシュ博士らの研究チームによって次のような実験が行われました。

脳内にアミロイドβがたまりはじめているマウスの腸内細菌を，腸内細菌が存在しない無菌状態のマウスに移植してみたのです。**するとなんと腸内細菌を移植された無菌マウスは，脳内のアミロイドβの沈着が進行したのです。**

えー，腸内細菌を移植しただけで!?
そんなまさか。

近年では腸内細菌が生みだした物質によって，神経細胞の炎症状態が引きおこされて，認知機能が低下し，認知症を発症する可能性が指摘されています。

腸内細菌がつくりだした物質が脳にまで影響するなんて，意外ですね。

実際に，アルツハイマー病の診断を受けている人と，受けていない人の腸内細菌の組成のちがいを調べた国立長寿医療研究センターの研究があります。

認知症を発症しているグループ（34人）と認知症を発症していないグループ（94人）に分けて，それぞれ比べてみると，腸内細菌の組成にちがいが見られることが明らかになりました。

どのようなちがいがあったのでしょうか？

バクロイデス菌という細菌の割合に差がありました。
バクロイデス菌が腸内細菌全体の3割以上を占めている
人は，認知症を発症していないグループに45％と半数近
くいたのに対し，認知症を発症したグループでは，15％
にとどまりました。
この調査から，バクロイデス菌の占有率が高い場合，認
知症リスクが10分の1ほどまで低下する可能性があると
推定されています。

腸内細菌のちがいで，そんなにリスクが変わるんですか!?

ただし，この調査だけでは，腸内細菌と認知症の因果関
係は不明です。
腸内細菌のバランスを整えることが，認知症の予防につ
ながる可能性がありますが，両者の関連については今後
よりくわしく研究が進められていくでしょう。

抗生物質の多用で認知機能の低下の可能性

認知症に限らず，腸内細菌によってつくられた物質が脳に影響をあたえ，さまざまな神経精神疾患と関連していることは，数々の研究によって，明らかにされています。

そうなんですか！

たとえば，うつ病や統合失調症，自閉症，不安障害などです。こうした腸と脳の関係を**腸脳相関**といいます。
最近の研究では，主に感染症を治療するための**抗生物質**の多用が，脳にも悪い影響をあたえるのではないかという仮説が出されています。

抗生物質が認知機能と関係があるっていうんですか。

 ええ。抗生物質が体にとって必要な腸内細菌を死滅させ，それによって脳に悪影響をあたえているのではないかと考えられるのです。

 うーん，抗生物質が脳に影響するなんて，信じがたいですね……。

 実際に，グラーツ医科大学のフレーリッヒ博士らのマウスを使った研究で，抗生物質によって腸内細菌のバランスが大きく乱れたマウスでは，認知機能がいちじるしく低下したことが報告されています。

 えー，どんな症状があらわれたんですか!?

 このマウスには，新しく物体を認識できないという認知障害がおきました。
腸内細菌によって生みだされる物質が，学習や記憶などの脳の機能に関与しているため，このような認知障害がおこったのだと考えられています。
また，ヒトでも抗生物質の影響を調べた研究があります。

 どんな研究なんですか？

マサチューセッツ総合大学病院のメータ博士らによって行われた研究です。
平均54.7歳の1万4542名の女性看護師を対象に，過去4年間の抗生物質の使用履歴を調べるとともに，認知機能の状態を調べました。

ふむふむ。

その結果，2か月以上の抗生物質の使用と，全体的な認知能力や学習，作業記憶，集中力などの低下とは有意な関連性があることがわかったのです。

ヒトでも抗生物質の影響があるかもしれないわけですね。

抗生物質の長期的な使用が，腸内細菌のバランスを乱し，その結果，認知機能に影響をあたえる可能性が，この研究によっても示されたわけです。

抗生物質っていう，私たちにとってありふれた薬が認知機能の低下と関係があるなんて……。意外でした。

さて，ここまで認知症と関連のあるさまざまなものを見てきました。
認知症のリスクを下げる方法は，十分な睡眠，規則的な生活，そして運動など，一般的な健康法と何らちがいはありません。
ですから，認知症に限らず，これらのことに意識して日々の生活を送ることが，心身の健康につながるでしょう。

結局，健康的な生活が認知症の予防につながるんですね。

 はい。
認知症は，今やだれでもかかる可能性があるといっても
よい病気でしょう。
アルツハイマー病に代表される認知症は，不治の病とさ
れてきました。しかしさまざまな研究から，認知症の根
治の可能性が見えはじめています。
自分はもとより，ご家族や知り合いが認知症になっても，
今日お話ししたことを参考にしてもらえればと思います。

 はい！　先生ありがとうございま
した！

脳の病気を発見, アロイス・アルツハイマー

記憶力などの脳の認知能力が急速に失われるアルツハイマー病。この病気をはじめて報告したのがドイツの医学者, アロイス・アルツハイマー（1864 ～ 1915）です。

アルツハイマーは, 1864年, ドイツのマルクトブライトで生まれました。いくつかの大学で医学を学び, 1887年にヴュルツブルク大学で医学の学位を取得しました。

医師となってからは, 躁うつ病や統合失調症をはじめとした, 精神医学や神経病理学の臨床研究を行いました。

アルツハイマーの仕事仲間には, 顕微鏡観察にくわしい, 医学者, フランツ・ニッスル（1860 ～ 1919）がいました。のちのアルツハイマー病の発見には, ニッスルの影響が少なからずあったといわれています。

記憶力の低下がひどい患者と出会う

1901年, アルツハイマーはある患者と出会います。妄想や記憶力の低下などをうったえるアウグステ・データーです。当時データーは51歳でした。

データーの病状はその年齢にしては異常で, ペンや鍵など簡単な単語, さらには自分の名前さえも忘れてしまうほどでした。また, 誰かに殺されるという妄想もあったようです。

1906年4月, データーは56歳で亡くなりました。アルツハイマーは死後, 彼女の脳を解剖し, 顕微鏡で検査しました。すると, 今日老人斑として知られる構造や, 神経原線維変化など, アルツハイマー病に特有の異常を発見したのです。

師匠によって，病気に名前がつけられた

　アルツハイマーはすぐさまこれらの結果をまとめ，1906年11月にドイツ医学会に報告しました。しかし，このときはアルツハイマーの報告が大きな注目を集めることはありませんでした。

　アルツハイマーの報告ののち，同様の症例がいくつか報告されるようになりました。そして，1910年，アルツハイマーの師匠にあたるエミール・クレペリン（1856 ～ 1926）が，この疾患を「アルツハイマー病」と名づけ，著書で発表します。これによって，この病気が広く認められるようになったのです。

　クレペリンの発表から5年後の1915年，アルツハイマーは心不全のために，51歳で亡くなりました。

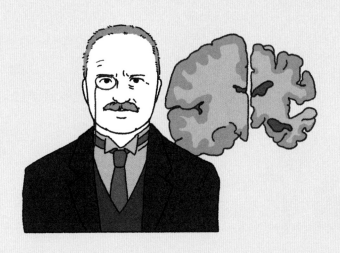

索引

索
引

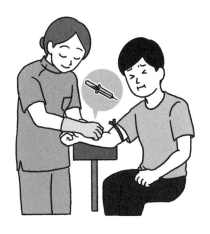

索引

シリーズ第**35**弾!!

やさしくわかる！

文系のための
東大の先生が教える

バイアスの心理学

2023年10月上旬発売予定　A5判・304ページ　本体1650円（税込）

　最近「認知バイアス」という言葉が注目を集めています。認知バイアスとは，私たちの誰もがもつ「思考の偏り」や，「考え方のクセ」のことです。私たちの毎日の行動は，無意識のうちに認知バイアスの影響を受けています。

　たとえば，限定品と書かれると，それまで欲しくなかった商品もつい買いたくなってしまいませんか？　これは「文脈効果」という認知バイアスの一種です。また，災害で危険がせまっているのに「まだ大丈夫」と思いこんでしまうのも，「正常性バイアス」というものです。私たちは，さまざまな心のクセによって，合理的でない判断や行動をしているのです。

　本書では，さまざまな認知バイアスについて，生徒と先生の対話を通してやさしく解説します。認知バイアスについて知れば，思いこみや偏見のない判断ができ，日々の生活や人間関係の役に立つにちがいありません！　認知バイアスの世界をお楽しみください！